Food Materials Science

식품재료학

하헌수 · 김건휘 공저

백산출판사

머리말

저자가 그동안 쌓았던 학식과 경험을 바탕으로 새로운 식품에 대한 연구를 진행하였으며, 강의를 하면서 터득한 경험과 습득한 지식을 바탕으로 식품재료에 관하여 전반적으로 다룬 본서를 출판하게 되었다.

본서는 식품재료에서 중요한 영양성분을 분석하고, 이에 맞는 궁합음식을 밝히고 있다.

따라서 새로운 음식에 대한 거부반응을 없애기 위한 푸드브리지(Food Bridge) 역할이 되었으면 하는 바람을 가지고 있다. 또한 일상에서 많이 사용을 하나 쉽게 접하지 못한 식품, 새로운 음식에 대한 안전성 문제로 쉽게 다가가지 못하는 식품을 하나하나 정확히 분석하고 나열하였다.

저자가 전국을 돌아다니며 식품을 분석하여 알기 쉽게 설명하였으며, 새로운 음식을 쉽게 받아들이고 접할 수 있도록 식품을 흥미롭게 나열하여 식품재료학의 새로운 한 획을 긋기를 학수 고대한다.

본서로 수업에 임하는 교수님과 학업을 연구하는 학생들에게 보다 편안하고 재미있는 지침서가 되도록 노력을 기울였으나 미흡한 점도 많을 것으로 여겨지며, 이에 꾸준한 연구와 새로운 정보수집으로 본서를 수정 · 보완할 것을 약속드린다.

끝으로 본서의 출판을 위해 협조하여 주신 백산출판사 진욱상 회장님과 진성원 사장님께 감사드리며, 자료수집 및 출판까지 물심양면으로 도와준 박수진, 최병철 학생에게 진심으로 감사하는 바이다.

저자 씀

Contents

FOOD METERIALS SCIENCE

식품재료학

:: 식품재료학에 들어가기 앞서

Food NeoPhobia(푸드 네오포비아)

새로운 것을 싫어하고 , 두려워하는 것을 심리학에서 '네오포비아' 라고 하는데, 푸드라는 단어가 붙어서 새로운 음식에 대한 거부반응을 말한다.

Food NeoPhilia(푸드 네오필리아)

새로운 먹을거리를 발견할 때마다 위험하지만 필요한 새로운 것에 대한 취향이 바로 '네오필리아' 이다. 마찬가지로 푸드라는 단어가 붙으므로 해서 새로운 음식에 대한 수용반응을 말한다.

Food Bridge(푸드 브리지)

푸드 브리지란? 싫어하는 음식을 여러 가지 방법을 통해 노출시키는 것으로 싫어하는 음식을 좋아하는 음식으로 변하게 하는 징검다리 역할을 하는 것이다.

1단계	싫어하는 채소를 식기나 놀이기구로 활용하여 시각적으로 친숙하게 한다. ex) 파프리카를 그릇으로 계란찜을 만든다.
2단계	재료를 알아볼 수 없게 하여 모양이나 색으로 호기심을 자극한다. ex) 파프리카를 색깔별로 갈아서 밀가루 반죽에 넣어 수제비를 만든다.
3단계	아이가 거부감을 갖거나 골라내지 않도록 다른 재료와 섞어 만들어 준다. ex) 아이가 좋아하는 햄과 파프라카를 다져 전을 부친다.
4단계	샐러드를 만들어 재료 본연의 맛을 느끼게 한다.

영양성분 찾기

출처 : 농촌진흥청, 식품의약품안전청

1. 검색창에 농촌진흥청 식품성분을 치면 사이트가 나온다.

2. 또 다른 방법은 주소란에 koreanfood.rda.go.kr을 치면 사이트가 나온다.

3. 식품영양 · 기능성 정보를 클릭하여 검색한다.

4. 원하는 자료를 찾아 성분보기를 클릭하면 된다.

가지, 생것

분량기준 : 100g

구분	성분	개정판별 함량									단위
		8	7	6	5	4	3	2	1	초판	
일반성분	에너지	17									kcal
	수분	94.6									g
	단백질	0.8									g
	지질	0.1									g
	회분	0.5									g
	탄수화물	4									g
	폐기율	5									%
무기질	칼슘	18									mg
	인	24									mg
	철	0.2									mg
	칼륨	189									mg
	나트륨	0									mg
비타민	A(RE)	63									RE
	A(레티놀)	0									μg
	A(베타카로틴)	377									μg
	B1	0.18									mg
	B2	0.03									mg
	나이아신	0.4									mg
	C	2									mg
식이섬유	총계	2									g
	수용성	0.6									g
	불용성	1.4									g
식염상당량	식염상당량										g
섬유소	섬유소										g

5. 검색창에 식품영양성분데이터베이스를 치면 사이트가 나온다.

6. 또 다른 방법으로는 주소창에 http://www.foodnara.go.kr/kisna/index.do를 치면 사이트가 나온다.

7. 식품영양성분 DB를 클릭해 찾고자 하는 식품을 검색하면 된다.

① 클릭

홈페이지 소개 | 식품 및 영양성분 정의 | 식품영양성분DB | 건강기능식품DB | 식단작성과 영양평가 | 영양성분표 산출프로그램 | 생애주기 영양관리 정보관

간편검색 | 전문검색 | 가공/조리에 따른 함량변화율 | 자료현황

② 클릭

식품영양성분 DB

간편검색

전문검색

가공/조리에 따른 함량변화율

자료현황

· 식품별현황

· 영양성분별현황

FANTASY

Food And Nutrient daTA SYstem

홈 › 식품영양성분DB › 간편검색

간편검색

식품 | 음식 | 가공식품

식품군 전체 식품명 가지 (한글/영어/이명) 검색

총 17 건 현재페이지 : 1/1

번호	식품군	식품이름	1회제공량 (g)	열량 (kcal)	탄수화물 (g)	단백질 (g)	지방 (g)	당류 (g)	나트륨 (mg)	콜레스테롤 (mg)	포화지방산 (g)	트랜스지방산 (g)
17	당류 및 그 제품	사탕,사탕, 스카치세가지맛(롯데제과)	100	430	88	0	9	N/A	169	N/A	N/A	N/A
16	채소류	가지, 생것	70	12	3	0.6	0.1	N/A	0	N/A	N/A	N/A

8. 상세히 보고 싶으면 '식품명'을 클릭하면 나온다.

식품코드	100106000300100001		
식품 명(한글)	가지, 생것		
식품 명(영어)	Eggplant, Raw		
식품 명(이명)	가지, 생것		
동/식물성 구분	식물성	식품군	채소류

전체 영양소 함량 정보 (총 41건)

번호	영양성분 코드	약어	영양성분설명	자료원	구축년도	단위	함량 (100g당)
41	10100	Eng	열량	농촌진흥청 식품성분표 DB	2011	kcal	17.00
40	10200	Moi	수분	농촌진흥청 식품성분표 DB	2011	g	94.60
39	10300	Pro	단백질	농촌진흥청 식품성분표 DB	2011	g	0.80
38	10400	Fat	지방	농촌진흥청 식품성분표 DB	2011	g	0.10
37	10500	Car	탄수화물	농촌진흥청 식품성분표 DB	2011	g	4.00
36	10600	Tdf	총식이섬유	농촌진흥청 식품성분표 DB	2011	g	2.00
35	10601	Nsd	불용성식이섬유	농촌진흥청 식품성분표 DB	2011	g	1.40
34	10602	Sdf	수용성식이섬유	농촌진흥청 식품성분표 DB	2011	g	0.60
33	10800	Ash	회분	농촌진흥청 식품성분표 DB	2011	g	0.50
32	20100	Ca	칼슘	농촌진흥청 식품성분표 DB	2011	mg	18.00
31	20200	P	인	농촌진흥청 식품성분표 DB	2011	mg	24.00
30	20300	Fe	철	농촌진흥청 식품성분표 DB	2011	mg	0.20
29	20400	Na	나트륨	농촌진흥청 식품성분표 DB	2011	mg	0.00

01 가르시니아

Garcina

1. 특징

❶ 학명은 Garcina cambogia이고, 가래나무과에 속하는 관목이다.

❷ 인도 남서부의 산지에서 자란다.

❸ 아시아, 아프리카, 폴리네시아 등에 약 18여종이 분포하고 있다.

❹ 중고목, 망고스틴과 동류로써 열매는 밀감 정도의 크기이며, 달고 약간 쓴맛이 난다.

❺ 건조하면 산미가 나며, 주로 열매의 껍질을 섭취한다.

❻ 열매의 껍질에는 Hydroxycitric acid(HCA)가 약 10~30% 함유되어 있다.

2. 국내 유통시기

우리나라에서는 가르시니아 추출물을 이용한 다이어트 식품으로써 2002년 홈쇼핑에서 처음으로 유통된 것으로 알려져 있다.

3. 영양성분표(100g당)

가르시니아(100g당)		
성분	단위	함량 100g당
열량	kcal	25
수분	g	96
탄수화물	g	6
단백질	g	0
지방	g	0
식이섬유	g	3.82
나트륨	mg	10

4. 효능

❶ 신체 내에서 탄수화물로부터 지방합성을 감소시킨다.

❷ 에너지 생산을 증대하게 만들어 준다.

❸ 식욕 억제효과가 있다.

❹ 지방질 분해 촉진을 도와준다.

❺ 기초대사 항진(HCA가 에너지 소모 증가)

❻ 단백질 보호작용을 한다.

5. 부작용

가르시니아 추출물로 수행한 다수의 인체적용시험에서 현재까지 부작용 사례는 보고되지 않고 있다.

6. 섭취방법

❶ 국내에서는 『식품공전』에 따라 '체중조절용 조제식품'에만 식품의 부 원료로서 사용되며, 미국 등 외국에서는 식이보충제 또는 식품원료 등으로 판매되고 있다.

❷ 동남아시아에서는 카레 등의 향신료로 사용된다.

❸ 남부 인디아 해안지역에서는 수 세기 동안 돼지고기 및 생선의 산미제로 사용된다.

❹ 임신 중, 수유 중인 여성과 성장기 어린이, 간장, 신장, 심장의 기능에 이상이 있다면 섭취를 주의하는 것이 좋다. (HCA 성분으로 인한 신체 과다 활성)

7. 보관방법 및 구매방법

우리나라에서는 대부분 건강보조제로 가공되어 들어오기 때문에 실온 보관한다.

02 가지고추

Eggplant pepper

1. 특징

❶ 자색고추, 보라색고추, 영어로는 purple pepper, 드셔보라 풋고추로 불린다.

❷ 과색은 보라색으로, 완전히 성숙되면 적색이 된다.

❸ 부드러운 가지맛과 비슷하고 맵지 않다. 식감이 아삭하고 식미가 우수하다.

❹ 평균 과장은 15~18cm이고, 과경은 3~3.5cm이다.

❺ 고추의 성숙과 색에 관련하여 독립된 3개의 유전자의 발현으로 흰색에서 적색까지 8개의 표현형을 보인다.

❻ 잎과 줄기의 안토시아닌 발현에는 여러 중복유전자들이 관여하며, 자색과는 주로 미숙과에서 발현한다.

❼ 안토시아닌 성분이 다량 함유되어 건강생활에 좋다.

❽ 최근 컬러풀한 농산물을 선호하여 시장 전망이 밝다.

2. 국내 유통시기

❶ 가지고추의 또 다른 이름은 드셔보라 고추이다. 3월쯤에 파종을 하여 40일 뒤인 5월 초부터 출하를 시작한다.

❷ 2014년 초부터 유통을 시작하였다.

3. 재배방법

❶ 최적온도는 8~10℃부터 최대 30~35℃ 사이이다. (병의 발생을 줄이기 위해 27~30℃가 가장 좋음)

❷ 토양전염병, 침수피해 시 고사할 수 있다.

❸ 재식거리를 넓게 하고 퇴비는 충분하게 주어야 한다.

❹ 착색이 덜된 고추를 건조시키면 건과의 색택이 불량해지므로 주의해야 한다.

4. 효능

❶ 항암효과가 높다. (안토시아닌이 가지의 4배, 검은콩의 6배)

❷ 항산화, 항암, 항염에 효과적이다.

❸ 노화개선 심혈관 질환을 예방해준다.

❹ 열을 가하게 되면 안토시아닌 효능을 더욱더 높일 수 있다.

5. 섭취방법

❶ 젊은 주부를 중심으로 식탁에도 오른다.

❷ 풋고추처럼 생으로도 섭취한다.

6. 보관방법 및 구매방법

❶ 보관온도는 1~5도의 냉장보관이 좋다.

❷ 신문지에 싸서 냉장고에 보관하거나 비닐봉지에 넣어 보관한다.

❸ 더 오래 보관하고 싶다면 씨를 빼고 보관하는 것이 좋다.

03 갈랑가

Galangal

1. 특징

❶ 생강의 일종으로 뿌리 향신료이며, 영어로는 갈랑가(Galangal), 한국어로는 양강 혹은 양강근이라 부르며, 중국어로는 고량강(高良薑), 한자로는 양강(良薑)이라고도 불린다.

❷ 중국생강 혹은 태국생강이라고도 불린다. 생강의 한 종류로 중국의 광동, 광서에서 나는 다년생 약초이다

❸ 90~110cm까지 성장하며, 두화 같고 잎은 긴 타원형 모양이고, 봄에 흰 꽃이 피는데 붉은 점과 누런테가 있다.

❹ 원산지는 중국 남부이고, 주요 산지는 중국의 레이저우반도, 하이난 섬이다.

❺ 고추와 비슷한 매운맛이 나며, 생강과 비슷한 향이지만 훨씬 진하다. 뿌리 부분은 향신료 및 생약으로 사용한다.

2. 역사

❶ 서기 500년부터 중국에서 생약으로 사용하며, 9세기 아랍지역에 알려 향수로 사용했다.

❷ 13세기 십자군에 의해 유럽에 전파되어 당시 요리와 향료의 원료로 사용되었다.

❸ 19세기 서양에서는 사용이 감소되었으나 동남아시아, 중국에서 사용을 시작하였다.

3. 영양성분표

항목	열량	수분	탄수화물	단백질	지방	섬유소
갈랑가	11kcal	95g	1.8g	0.5g 이하	0.5g 이하	0.5g
생강	59kcal	82.8g	13.9g	1.5g	0.2g	1.6g

4. 효능

❶ 4~6년생을 캐어 줄기, 잎, 수염뿌리, 인편을 제거하고 근경을 세절하여 햇볕에 말린 것을 한방 약재로 사용한다.

❷ 찬 기운을 소산시키고 온중지통(溫中止痛)의 효능이 있으며, 위완냉통 치료에 용이하다.

Tip **인편:** 비늘모양 구조
근경: 땅 속으로 뻗는 마디줄기

❸ 소화를 돕는 기능이 있다.
❹ 생강과 유사한 효능으로 탕이나 찜요리에 사용한다.

Tip **온중지통(溫中止痛):** 속을 따뜻하게 하고 통증을 그치게 하는 효능
위완냉통(胃脘冷痛): 위한증의 주요 증상

❺ 양강에서 추출한 최종당화산물이 항암효과 및 당뇨합병증 예방이 있는 것으로 보여진다.

5. 부작용

음허(음액이 부족함), 혈허(혈이 부족함)로 유열(열이 있는)이 있으면 복용을 금한다.

6. 사용방법

❶ 차로 섭취도 한다. 만성위염, 위장병, 위궤양, 류머티스 통증을 제거하는 데 쓰인다.
❷ 양치질을 할 때, 구내염의 통증 제거에도 좋다.
❸ 습포 사용 가려움증, 염증 진정작용에 좋다.
❹ 장이나 위가 찬 사람이 음주 후 설사 발생 시 사용한다.
❺ 음주 시 술은 위관 내 점막을 통해 혈관으로 흡수한다.
❻ 혈관 속 아세트알데히드를 체외로 배출하는 효과가 있다.

7. 섭취방법 및 손질방법

❶ 뿌리를 생 혹은 말려 가루로 사용한다.
❷ 향신료로도 쓰이고, 커리, 맥주, 파스타, 생선요리, 육류 요리 등에 쓰인다. 태국, 말레이시아, 인도네시아, 러시아에서 주로 사용된다.
❸ 생강처럼 줄기는 잘라 내고 뿌리만 껍질을 벗겨 손질한다.

8. 보관방법 및 구매방법

❶ 겉뿌리를 제거하고 깨끗이 씻어 길게 자른 후 햇볕에 말려 가루로 만들어 용기에 담아 실온 보관한다.

❷ 생것을 보관하려면 비닐 포장 후 저장실이나 냉장고에 보관한다.

04 감태 甘苔

1. 특징

❶ 갈파래과에 속하며 학명은 Enteromorpha prolifera이며, 전세계에 분포하고 있다.

❷ 내만(內灣) 또는 민물의 유입으로 영양이 풍부하며, 오염이 없는 강 어귀 등지에서 서식한다.

❸ 조간대 바위 위나 죽은 나뭇가지 위에서 자생하며 한겨울에 채취한다.

❹ 높이는 보통 10~30cm이나 개체에 따라 매우 다양하다. 다른 이름은 가시파래, 감태김이며, 달 감(甘), 이끼 태(苔)라는 뜻이 있다.

❺ 감태는 태안이나 무안, 신안 등 서남해안의 청정 갯벌에서 나는데 쌉쌀하면서 달달한 맛이 나서 '감태'라고 불리는데 미역과의 감태와 한자까지 같다 보니 헷갈려 하는 이들이 많다.

❻ 미역과의 여러해살이풀인 감태는 학명이 Ecklonia cava이고, 갈파래과의 감태는 학명이 Enteromorpha prolifera이다.

❼ 수온이 10℃ 이상 되는 3월에 포자를 방출하고 9월 이후 수온이 15℃ 이상이며 낮의 길이가 8시간 이상일 때 배우자를 방출하여 생식이 이루어진다. 12~2월에 급속히 자란다.

❽ 예로부터 감태는 매우 맛이 좋고 단맛이 엿과 같다 하였으며, 전라도에서 진상했다는 기록이 「여지도서」와 「신증동국여지승람」에 기록 되어 있다.

❾ 매생이와 감태, 파래는 굵기는 매생이가 가장 얇고, 파래는 굵고 그 사이가 감태이다. 감태는 매생이

와는 조금 다르다. 질감이 파래보다는 부드럽고 매생이보다는 거칠고 올이 굵으며 향도 짙고 색상도 밝은 초록빛을 띤다.

⑩ 감태는 바닷가의 조간대(朝間帶) 상부, 특히 민물이 흘러 들어오는 곳에서 잘 자라며, 조용한 조수 웅덩이에서 큰 군락을 이루는 경우가 많다.

2. 영양성분표

구분	성분		단위
일반 성분	에너지	136	kcal
	수분	12.8	g
	단백질	20	g
	지질	0.7	g
	회분	20	g
	탄수화물	46.5	g
	폐기율	0	%
무기질	칼슘	646	mg
	인	274	mg
	철	37.2	mg
	칼륨	370	mg
	나트륨	110	mg
비타민	A(RE)	345	RE
	A(에티놀)	0	㎍
	A(베타카로틴)	2070	㎍
	B_1	0.29	mg
	B_2	1.34	mg
	니아신	4	mg
	C	36	mg
식이섬유	총계		g
	수용성		g
	불용성		g
식염상당량	식염상당량	0	g
섬유소	섬유소		g

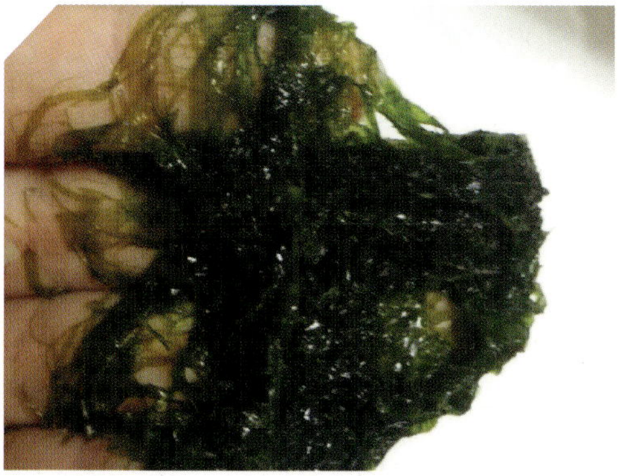

3. 효능

❶ 감태 속에 들어있는 플로로타닌(Phlorotannins) 은 중추신경을 안정시켜 수면을 잘 유도한다. 한국식품연구원 발표를 보면 수면에 불만족을 느끼는 성인 30명에게 1주일간 감태 추출물 500mg을 투여했더니, 수면 중 깨는 시간을 뜻하는 각성지수(覺醒指數)가 줄어들었고, 수면 중 호흡장애도 줄었다고 보고되었다.

❷ 노화방지

녹차에 비해 항산화작용이 4~5배 뛰어나다고 하는데, 바로 해양폴리페놀의 성분과 시놀 때문이다. 시놀 성분은 노화방지 성분 가운데 으뜸이며, 항산화작용으로 인해 노화방지와 피부 미용에 좋다.

❸ 해독작용

감태에 함유된 비타민 A가 니코틴을 해독해주고 중화시켜주는 작용을 한다. 고혈압 섬유질이 풍부하여 변비해소에 좋고 변을 부드럽게 볼 수 있게끔 도와주며 콜레스테롤의 수치를 정상적으로 유지할뿐만 아니라 비타민 A(베타카로틴)와 비타민 C의 함량이 높아 피를 맑게 해주며 고혈압에도 좋다.

❹ 관절염

청정지역에만 서식하는 감태의 효능은 관절염에 효과적이다. 체내 염증을 최소화하는데 도움을 주며, 요즘에는 감태를 추출하여 관절염에 바르는 연고를 만들어 낼만큼 통증에 이롭다고 한다.

❺ 빈혈

감태에는 철분이 많이 빈혈을 예방 및 개선하는 데 효능이 있다. 칼슘이 우유의 6배, 김의 2배가 들어 있다.

❻ 알코올 분해

감태에는 아미노산이 풍부한데 그 중에도 아스파라긴산이 많다. 아스파라긴산은 에너지 대사를 촉진하여 피로회복에 효과가 있는데, 특히 간에서 알코올을 분해하는 기능을 하는 효소의 생성을 도와준다.

❼ 치아 건강

감태의 후코이단 성분은 구강 내 활동하는 이를 썩게 하는 뮤탄스라는 세균의 번식을 막아 치주염과 같은 염증, 그리고 이가 썩는 현상을 완화시키는데 도움을 준다.

> **Tip** **후코이단(fucoidan):** 항암작용이 기대되고 있는 바닷말의 성분

4. 부작용

❶ 감태는 성질이 차기 때문에 몸이 찬 사람이 먹으면 얼굴색이 나빠지고 피부에 염증이 생길 수 있으며, 맥이 약한 사람 가운데 기침을 많이 하는 사람은 먹지 말아야 한다.

❷ 감태는 부패하면 메탄과 유황을 방출해 썩은 계란 냄새가 나게 되므로 신선한 것을 잘 말려 보관해야 한다.

❸ 또한 소금이 많이 첨가된 것은 먹지 않는 것이 좋다.

5. 손질방법

_생물 감태

❶ 바다에서 자라기 때문에 잡티를 제거하고 물에 여러 번 헹군다.

❷ 소쿠리나 체에 받쳐 유실되지 않도록 한다.

_건조 감태

❸ 건조 감태는 손으로 뜯은 뒤 물을 조금 축여 촉촉하게 한 다음 양념을 한다.

6. 보관방법 및 구매방법

❶ 단기간 보관방법

물기를 제거하여 밀폐용기에 담고 통풍이 잘되는 곳에 보관하며 습기가 없는 곳에 둔다.

❷ 장기간 보관방법

감태를 먹기 좋은 크기로 썰어 말린 다음 포장하여 냉동 보관한다. 12~2월이 생물일 때 좋고, 마트나 시장에서도 쉽게 구할 수 있다.

05 거북손

Common stalked barnacle

1. 특징

❶ 1급 청정 지표생물인 거북손은 울릉도 · 독도에서 파도가 세고 조류가 많이 흐르는 조하대 돌틈 사이에 군락을 이루고 있다. 절지동물 완흉목 거북손과의 만각류로 몸 길이는 3~5cm이다.

❷ 우리나라를 비롯하여 일본, 인도, 서태평양 등지에서 서식한다.

❸ 자웅동체이며 병부는 원형과 타원형으로 된 비늘로 덮여 있으며, 각판은 5개로 구성되어 있다. 그 사이에 6개의 돌기가 나와 호흡과 운동을 맡는다.

❹ 오징어, 문어, 홍합과 같은 맛이 나며 호박산이 많이 함유되어 있어 개운한 맛이다.

2. 번식

❶ 알에서 부화하여 노플리우스 유생이 되어 자유생활을 하는 여섯 차례의 변태를 거쳐 키프리스 유생이 된다.

❷ 키프리스 유생은 큰 촉각에 있는 석회질을 분비하는 샘을 이용해 적당한 물체에 붙어 성체로 자란다. 거북손은 자웅동체인데 길고 유연한 교접기를 길게 늘려 근처의 배우자를 찾아 교접기를 삽입하여 정자를 옮겨 준다.

❸ 거북손은 암수 한 몸이므로 어느 개체라도 배우자가 될 수 있다.

3. 효능

❶ 호박산이 함유되어 있어 이의 이뇨작용으로 인해 간, 신장병 환자에 병의 예후에 개선을 준다.

❷ 거북손에 다량 함유되어 있는 호박산이 체내에 들어가면 구연산으로 변화해, 간 기능에 좋고 피로원인 물질인 젖산을 분해시켜 피로를 풀어준다.

❸ 미네랄, 비타민 분석 → 전복, 낙지보다 미네랄과 비타민이 풍부하다. 미네랄은 노화방지, 피부미용, 면역력 증가 등 다양한 효능이 있다. 한방에서는 살을 말리거나 날것으로 사용하는데, 자양, 보간, 양혈 등의 효능이 있어서 허약체질인, 빈혈, 식은땀, 현기증 등에 처방한다고 한다.

Tip 호박산과 구연산

※호박산 – 1550년 R. 아그리콜라가 화석이 된 수지인 호박을 건류하여 얻었다는 기록이 있는 데서 호박산이라고 한다. 무색무취의 특이한 산미를 가지고 있는 정미성과 완충작용을 한다. 조개류의 맛 성분으로 조미료로 많이 사용되며 이뇨제, 설사제로도 이용되었다.

※구연산 효능은 복용하게 되면 생리적 알칼리로 전환되면서 우리 인체에 최적화되어 순환기질환, 피부질환 및 전립선질환 개선과 더불어 피로회복, 노화방지, 식욕증진 등 다방면으로 많이 이용되고 있다.

4. 손질방법 및 섭취방법

❶ 먼저 찬물에 깨끗하게 씻어 불순물 제거

❷ 소금물에 약 5분간 삶아준다.

❸ 부드러운 복부 부분을 손으로 뜯어내면 근육 부분이 육안으로 드러나는데 보통 이 부분을 섭취하나 촉수 부분도 모두 섭취는 가능하다.

❹ 단단한 껍질 부분(병부)은 석회질로 비료의 재료가 되기도 한다.

06 곰보배추

Common sage

1. 특징

❶ 중국의 「강서민간초약험방」에서는 곰보배추의 전초를 '여지초', 뿌리는 '설견초근', '복지홍근자', 열매를 '여지핵', '여인', '지핵', '대여핵' 등으로 부르며 '뿌리의 맛은 쓰고 매우며 성질은 서늘하고 독이 없다'라고 쓰여 있다.

❷ 잎의 모양이 곰보 같다고 하여 '곰보배추', 뱀비늘처럼 생겼다고 하여 '뱀배추', 한겨울 눈 속에서도 볼 수 있다고 하여 '설견초', 푸른 잎을 가지고 겨울을 지낸다고 '과동청', 향기로운 가지가 달린 풀이라 하여 '여지초', 경상도 지방에서는 '문디배추', '못난이배추' 등으로도 부르며, 이 외에도 '나인초', '수양이' 등 곰보배추의 특징에 따라 불리는 이름이 다르다.

2. 잘 알려지지 않은 이유

❶ 과거에는 논두렁이나 밭 등에서 쉽게 볼 수 있는 잡초쯤으로 여겨져 관심조차 받지 못했는데, 현대에는 곰보배추의 효능에 많은 관심이 쏠리면서 유명해졌다.

3. 효능

❶ 감기와 기침 치료

곰보배추는 예로부터 동생초라고 불리어 기침감기 및 가래 치료에 매우 탁월한 효과가 있다.

❷ 천식 치료

곰보배추는 천식에 최고의 치료식품이며, 발효시켜 섭취하면 치료에 더욱 효과적이다.

❸ 기관지 치료

온갖 항생제를 써도 잘 낫지 않는 아토피, 비염, 폐렴, 결핵, 감기에 곰보배추를 쓰면 폐의 열을 내리게 하여 쉽게 치료 가능하다. 그리고 대표 성분인 '플라보노이드'로 인하여 혈액을 맑게 해준다. 또한 인체의 혈액을 맑게 해주며 각종 독을 풀어주는 효과 및 신체 내 기생충을 죽이게 하는 효능이 있다.

❹ 지혈 효과

평소에 혈뇨, 자궁 출혈, 생리불순, 자궁염, 피를 토하는 사람들이 곰보배추를 꾸준히 섭취하면 지혈 효과로 인해 치료가 가능하다.

❺ 가스제거 효과

평소에 몸이 잘 붓거나 배에 가스가 자주 차는 사람들에게 효과가 좋다.

❻ 치통 효능

평소에 치통으로 고생하는 사람들은 곰보배추를 찧어서 치통이 있는 부위에 물고 있으면 치통이 멎는 효과가 있다.

❼ 면역력 향상에 도움을 준다.

❽ 비타민 C가 많다.

❾ "flabonoid" 성분을 가지고 있다.

> **Tip** flabonoid란?
>
> 식물에 광범위하게 함유되어 있는 색소 성분으로 씨앗의 발아와 성장을 조절한다. 체내에는 조금밖에 흡수되지 않지만 극히 소량으로 발암물질의 활성화를 저해시키며 폴리페놀의 일종이다.

❿ 플라보노이드는 플라보놀류(켈세틴, 켄페롤 등 주로 양파, 브로콜리에 함유되어 있음), 카테킨류(에피카테킨, 에피가로카테킨 등 주로 녹차 잎에 함유되어 있음)로 크게 나눌 수 있다. 모두 암에 효과가 있는 항산화 물질이다. 항균, 항암, 항바이러스, 항알레르기 및 항염증 활성을 지니며, 독성은 거의 나타나지 않는 것으로 보고되고 있다.

→ 곰보배추에는 플라보노이드 성분이 함유되어 있어 기침을 멎게 하고 가래를 삭히는 효과를 나타낸다.

4. 부작용

❶ 명백한 부작용은 없다.

❷ 독성이 없어 안전하게 섭취가능하다.

→ 일부 환자에게서 과다섭취 시 가벼운 두통, 현기증, 갈증, 메스꺼움 등이 나타날 수 있다.

5. 재배

❶ 현재 재배현황은 전국 각지에서 소규모로 재배하거나 자생지에서 직접 채집하여 유통하는 수준으로 재배규모는 50여 농가 10ha 미만으로 추정된다.

❷ 주요 공급처는 약초 수집인에 의해 수집된 것을 모아서 인터넷 홈페이지 또는 직거래를 통해 판매하고 있다.

❸ 주 재배 형태는 과원 텃밭 이용 및 유휴농지에 채종한 종자를 산파 또는 멀칭 이식 재배 후 수작업으로 채집 수확하며 현재 재배 중인 다른 작목과 같이 가공하거나 생초, 건초로 말려서 유통하고 있는 실정이다.

❹ 특허된 배암차즈기(곰보배추) 재배기술은 특정 성분을 투입해 재배하는 방식으로 작업량 및 비용 증가로 생산 실효성이 약하다.

6. 보관방법 및 구매방법

❶ 대부분 차 또는 달임액, 효소 등으로 판매가 가능하다.

❷ 생초로도 판매하고 모종으로도 판매하고 있기 때문에 직접 키울 수도 있다.

❸ 장시간 보관 시에는 냉장보관한다.

7. 활용방법

❶ 곰보배추차

❷ 곰보배추김치

❸ 쌈 채소로 활용

❹ 효소로 만들어 섭취

❺ 천연염색 염료로 활용(갈색 염색)

❻ 이 외에 다양한 방법으로 섭취함. 예전부터 섭취했지만 지천에 널려 있어 사람들에게 잡풀 같은 인식이 퍼져 있다.

07 과라나

Guarana

1. 특징

❶ 포루투칼어로 '구아라나'라고도 한다. 뜻은 인간의 눈과 닮은 과일이다.

❷ 브라질 아마존 분지 원산의 무환자나무과 단풍나무속 덩굴식물이며, 브라질 아마존 원시림 정글에서만 자라는 식물이다.

❸ 열매는 갈색이나 붉은색, 씨앗은 검은색이다. 아마존 원주민들의 기호식품으로 씹어 먹거나 물에 끓여서 먹었다.

❹ 커피콩과 비슷한 크기의 열매가 열린다. 커피콩보다 2배 이상의 카페인이 있어 식이 보충제로서 효과적이다. (커피콩 카페인 1~2%, 과라나 씨앗 2~4.5% 함유)

❺ 높은 카페인 농도는 방어적 독소작용을 하여 다른 병원균으로부터 씨앗과 열매를 보호해준다. 미국 식품의약국(FDA)에서는 과라나를 안정하다고 인정되는 물질로 지정하여 분류하고 있다.

❻ 씨앗에는 사포닌, 전분, 검, 정유, 카페인, 탄닌, 아데닌, 덱스-카테킨, 데오브로민, 데오필린 등이 함유되어 있다.

❼ 엄청난 쓴맛으로 생으로 섭취 불가하다.

2. 유래

과라나는 1500년 전 포르투갈의 뻬드로알바레스 까브랄 함대에 의해 브라질이 발견되기 전부터 브라질 원주민인 인디언들이 사용하고 있었으며, 질병과 갈증 해소를 위해 혹은 상대 부족들과 싸움에 직면할 때마다 슬기롭게 대처하기 위해 사용된 것이 유래가 되었다.

3. 국내에 알려지지 않은 이유

❶ 과라나 열매는 브라질에서만 생산되는 만큼 희귀해서 현재 국내에서도 생으로 구하기가 어렵다.

❷ 또한 브라질 정부로부터 허가 받은 사람만이 재배할 수 있도록 국가에서 엄격한 규제와 관리가 되고 있어 국내 반입이 매우 까다롭다.

❸ 분말이나, 추출물을 이용한 음료나 건강보조식품은 인터넷 사이트를 통해 구매할 수 있다.

4. 효능

❶ 기억보유율과 신체적 지구력을 증가시킨다.
❷ 기억력 및 민첩성이 향상된다.
(150mg 이상 섭취 시)
❸ 동맥을 깨끗하게 유지시키므로 피순환이 활발해 심장과 혈관계 질환 치료 및 예방에 좋다.
❹ 각성효과가 뛰어난다.
❺ 위와 장의 기능을 도와 설사, 변비, 소화불량, 장기 내 살균 등의 역할을 한다.
❻ 이뇨작용을 하여 몸 속 노폐물 제거에 도움이 된다.
❼ 두뇌 활동을 촉진시켜 건망증을 예방한다.
❽ 스트레스 해소에 도움이 된다. (뇌를 자극 혈액 순환)
❾ 정력에 좋다. (아드레날린 분비 증가)
❿ 피로회복에 좋다. (혈액 순환)

5. 부작용

❶ 카페인 함량이 높아 잠재적으로 인지능력에 영향을 끼친다.
❷ 임신 중에는 피해야 한다.
❸ 배뇨곤란이 있을 경우 양을 줄여야 한다.
❹ 혈소판 수치 감소 및 혈소판 형성을 감소시킨다.

6. 사용용도

높은 카페인 함량으로 청량, 에너지, 숙취해소 음료 등의 제조에 쓰이며, 마른 열매는 해열제, 흥분제 제조에 쓰인다.

7. 섭취방법

❶ 카페인 함량이 높아 각성효과가 뛰어나 청량음료, 에너지음료, 숙취해소음료, 강장제 등의 원료로 사용된다.

❷ 마른열매로 해열제, 흥분제 등을 만들기도 한다.

❸ 브라질에서는 '과라나'라는 단어 자체가 탄산음료이다.

❹ 건강식품 전문점과 약국에서 판매한다.

❺ 시럽, 농축 추출물, 캡슐, 분말 등 다양한 형태로 쓰인다.

08 꾸지뽕

1. 특징

❶ 속씨 쌍떡잎식물, 쐐기풀목, 뽕나무과이다.

❷ 한국(전남, 전북, 경남, 경북, 충남, 황해), 일본, 중국에 분포하고 있다.

❸ 산기슭의 양지쪽, 마을 부근에서 자생하고 있으며, 5~6월이 개화기이다.

❹ 9~10월에 수확한다.

❺ 줄기에 날카로운 가시가 돋아 있는 것이 특징이며, 우리가 알고 있는 뽕나무와는 생김새가 확연히 다르다.

❻ 꾸지뽕나무는 병충해에도 잘 견딜 수 있다. 비료나 농약을 사용하지 않고도 잘 자란다.

❼ 꾸지뽕은 예로부터 "성질이 따뜻하고 맛이 달며 독이 없어 여성들의 질환에 좋은 약이다."라고 쓰여 있다(동의보감). 플라보노이드계 성분(항산화 성분)이 풍부해 항암에 도움을 준다.

❽ 예로부터 「동의보감」, 「식물본초」, 「생초약성비요」, 「본추구원」, 「영남채약록」, 「민동본초」에 언급되었고, 요즘 관심이 집중되는 꾸지뽕에는 플라보노이드를 비롯한 가바, 모린, 루틴, 모르틴, 아스파라긴산, 글루타민산, 플라보플라빈, 비타민 C 등의 성분이 다량 함유되어 있다.

❾ 풍부한 미네랄과 좋은 성분이 많이 함유되어 있는데 녹차, 일반 뽕잎에 비해 많게는 50배 정도의 좋은 성분을 함유하고 있다.

2. 영양성분표

성분명	꾸지뽕	일반 뽕잎	녹차
칼슘	3,000	2,699	440
철	68	44	20
칼륨	4,007	3,101	2,200
비타민 A	5,325	4,130	7,200
비타민 B_1	8.0	0.6	0.4
비타민 B_2	5.3	1.4	1.4
비타민 C(수성발효)	550	32	250
비타민 C(일반)	45		
식이섬유(%)	99	52	11
가바	1,150	250	25
루틴	6,800	380	100

주요 성분 중 가바는 뽕잎의 4.6배, 녹차의 46배가 들어 있으며 루틴은 뽕잎의 18배, 녹차의 68배가 들어 있다. 또한 각종 미네랄과 비타민이 풍부하게 들어 있다.

3. 민간요법

❶ 줄기 속껍질 · 뿌리 속껍질(자목백피, 柘木白皮)

수시로 채취하여 햇볕에 말려서 쓴다. 자궁질환, 폐결핵, 신경통, 생리가 불규칙한 데, 간염에 말린 것 40g을 물 1,300ml에 넣고 달여서 마신다.

❷ 잎(자수경엽, 柘樹莖葉)

봄에 채취하며 햇볕에 말려서 쓴다. 관절염, 피부병, 습진에 말린 것 15g을 물 700ml에 넣고 달여서 마신다.

❸ 열매(자수과실, 柘樹果實)

가을에 채취하여 햇볕에 말려서 쓴다. 타박상으로 멍든 데 말린 것을 가루 내어 먹는다.

4. 효능

❶ 당뇨병이나 피부질환 치료에 이용되고 있다.

❷ 폴리페놀, 카테킨, 루틴(혈액순환) 성분이 풍부한데 이런 성분들은 인슐린작용을 조절해 하항당뇨 효과와 항산화 효과가 있다.

❸ 칼륨 성분도 풍부해 체내 나트륨 배출을 도와 붓기를 예방한다.

❹ 각종 아미노산, 미네랄이 풍부해 몸이 허약할 때, 산모의 산후 조리에 이용된다.

❺ 뇌신경물질 전달에 관여하며, 인슐린 분비를 촉진하는 가바(GABA) 성분은 당뇨, 스트레스 해소, 신경안정에 도움을 준다.
❻ 노화와 암을 예방하는 폴리페놀 성분이 풍부하게 들어 있다.
❼ 꾸지뽕잎을 차로 만들어 먹으면 여성의 질환인 냉증, 자궁염, 생리불순, 생리과다, 자궁암에도 도움을 준다.
❽ 5~7월 사이의 잎이 약효가 제일 높다.

_꾸지뽕 열매
① 단맛과 쓴맛이 같이 있는 열매는 자양강장의 효과가 있어 남성의 성기능 강화, 경락을 잘 통하게 하고 열을 내려 준다.
② 열매는 생식 또는 엑기스, 발효액으로 사용한다.

_꾸지뽕 뿌리
① '하늘이 내린 천목' 이라 불리며, 황금빛이다. 뿌리의 껍질, 나무의 껍질은 혈액순환을 개선하는 데 효과가 있으며 신체에 생기는 덩어리 형태의 어혈이나 암 치료에 이용되며 달여서 그 물을 먹는다.

5. 약용성분

성분	효능
플라보노이드	고혈압, 암, 노화방지, 항암작용, 항염증
모린	감염 예방 및 억제
루틴	모세혈관 강화, 당뇨예방, 함암작용
모르틴	항암효과, 암예방
아스파라긴산	숙취해소
글루타민산	칼슘 흡수 촉진
비타민 B_2(리보플라빈)	식욕증진, 노화방지, 장운동 원활화, 눈의 피로 감소
비타민 C	황산화작용, 백내장 예방, 항암작용, 스트레스 해소, 피부건강 유지, 면역증진 및 감기예방, 철분·칼슘 흡수촉진, 당뇨병 개선효과
플라보노이드	암세포의 성장을 저해하는 효과가 탁월, 항암효과

6. 부작용

따로 부작용은 없으나, 오래 복용하는 것과 소화기관에 문제가 있는 사람들은 삼가하는 것이 좋다.

7. 섭취방법

❶ 차로 마시기(꾸지뽕나무 물냄새가 독특해서 비위가 약한 사람은 먹기 힘들 수 있다.

❷ 옥수수나 둥글레를 함께 넣어 마시면 냄새도 희석되고 마시기도 편하다.

❸ 열매 효소 만들기(열매는 다 익으면 생과로 복용해도 맛이 좋고 냉동보관하며, 우유나 과일, 요구르트 등과 함께 갈아서 마셔도 좋다–당뇨 제외)

8. 보관방법 및 구매방법

❶ 열매는 냉장보관하여 빨리 먹는 것이 좋다.

❷ 나무와 잎은 통풍이 잘되고 서늘한 곳에 보관한다.

❸ 꾸지뽕 생과는 9~10월에 재래시장에서 구할 수 있다.

09 그라비올라

Graviola

1. 특징

❶ 쌍떡잎식물, 목련목 포포나무과이다.

❷ 아메리카의 열대지방이 원산지이다. 나무는 6~7m까지 큰다.

❸ 원래는 가시여지라고 불리며, 포르투갈어로는 그라비올라(graviola)라고 불린다.

❹ 과육은 해면질로 되어 있으며, 망고, 파인애플의 맛과 신맛이 난다.

❺ 열대지방 1000m 이하의 지역에서 서식하는 식물로, 그라비올라의 잎은 열대지방 원주민들의 다양한 질환 치료제로 사용되어 왔다.

2. 알려지지 않은 이유

1970년대 미국의 제약회사에서 그라비올라의 항암효과를 연구하기 시작하였고 그 효과가 뛰어나다는 것을 알게 되었다. 하지만, 그라비올라의 성분은 인공합성이 불가능하여 약으로 만들 수가 없게 되어 그라비올라의 효능을 숨기게 되었는데 실험에 참여한 과학자가 양심선언을 하게 되어 알려지게 되었다.

3. 영양성분표

성분	함량
칼로리	61.3-53.1cal
수분	82.8g
단백질	1.00g
지방	0.97g
탄수화물	14.63g
섬유질	0.79g
무기질	60g
칼슘	10.3mg
인	27.7mg
철	0.64mg
비타민A(β-카로틴)	0
티아민	0.11mg
리포폴라민(비타민 B_2)	0.05mg
니아신	1.28mg
아스코르빈산	29.6mg
아미노산	
트립토판	11mg
메티오닌	7mg
라이신	60mg

씨의 영양성분

성분	함량
수분	8.5g
단백질	2.4g
에테르(알코올)	20.5g
탄수화물	55.1g
식이섬유	8.0g
칼륨	357.1mg
나트륨	17.4mg
칼슘	149mg
인	136mg
마그네슘	12.6mg

4. 효능

주요 효능	다른 효능	일반적 복용방법
암세포 사멸	항우울증	나뭇잎/줄기
암세포 성장 억제	경련 감소	끓인 물 : 1컵 3회/일
박테리아 궤멸	항바이러스	엑기스 : 2~4ml 3회/일
체내 기생충 사멸	해열작용	캡슐/ 분말 : 2~3g 3회/일
혈압 강하	통증완화	
심장박동 완화	소화촉진	
혈관확장	발작 멈춤	
정신 진정효과		

_혈압을 내리는 작용

❶ 혈관확장, 이뇨작용, 구충제, 살충작용, 거담작용, 항염증, 진정작용, 수면유도 효과가 있다.

❷ "그라비올라는 항산화 활성물질 및 폴리페놀 등이 풍부해 신체 내부의 산화성 손상을 최소화하며, 그라비올라를 먹은 원주민들은 만성 퇴행성 질환인 당뇨병 등의 심혈관 질환과 암 등의 발생률이 현저히 낮았다."고 보고되고 있다. 또한 뿌리와 씨에는 신경독성을 내는 알칼로이드 성분이 존재한다.

❸ 면역력 개선, 면역체계 강화

그라비올라에 대한 미 정부기관, FDA 승인 코멘트: 그라비올라는 '면역기능 개선 보조' 또는 '면역체계 강화' 에 사용 가능하다.

❹ 항암작용, 항종양

- 미국 국립 암 연구소 지원 퍼듀대학 연구: 그라비올라 잎 추출물의 아노나세오스 아세토제닌(Annonaceous acetogenin) 성분이 유방암, 난소암, 전립선암, 대장암, 폐암, 간암, 췌장암, 림프종을 포함한 12가지 유형의 악성세포를 죽일 수 있음을 확인했다. 전립선암에 특히 효과적이었다.
- 한국 가톨릭대학교 연구: 기존 유방암이나 대장암에 사용된 약물과 비교해 그라비올라의 활성성분은 '선택적 세포 독성'이 있는 것으로 나타났다. 이는 정상세포에 작용하지 않기 때문에 구토, 탈모, 체중감소, 간손상 등의 항암 부작용을 줄일 수 있다.

❺ 나쁜 세포 파괴, 인체에 이로움

그라비올라의 '아노나신'이라는 성분은 암세포의 영양공급 통로인 ATP를 차단해 암세포의 자멸사를 유도한다고 한다. 1976년 미국 국립 암센터에서 잎과 줄기의 추출물은 악성세포를 파괴하여 거의 대부분의 암에 효과가 뚜렷한 것으로 나타났다. 국내에서는 가톨릭의과대학에서 수행된 연구에 의하면 그라비올라의 효과는 일반적으로 사용되는 화학요법 약품인 아드리아미신보다 10,000배의 효과가 있다고 밝혀졌다. 또 한국 화학융합시험 연구에 따르면 그라비올라는 살균력에 있어서도 대장균은 10분 후 50.8%, 황색 포도상구균은 10분 후 85.9%의 살균력을 보여 인체에도 도움이 되는 것으로 밝혀졌다. 또 잎을 빻아서 생즙을 만들어 피부질환이 있는 곳에 바르면 항균, 항바이러스로 인해 호전될 수 있다.

- Journal of natural products(천연제품 저널) 기사 중: 암치료 약물인 '아드리아마이신'보다 약 만배 효과적이었다.
- 현지에서 민간요법 또는 이용방법

  자생지역 원주민들은 열매와 열매에서 짜낸 주스를 구충제, 산후 산모 모유분비 촉진, 설사와 이질 치료에 이용한다.

  씨는 구충제로 이용되며, 나무껍질과 잎 그리고 뿌리는 진정효과, 경련억제효과, 혈압저하작용을 통한 증상 치료에 이용된다.
- 항균작용, 암 예방

  특히 항산화 성분인 파이토케미칼이 함유되어 있기 때문에 암을 예방하고 대장균, 황색포도상구균과 같은 염증성 질환을 예방하는 효과와 아토피에도 특효로 알려져 있다.

5. 부작용

❶ 일반적 주의사항: 과량 복용에 따른 연구자료는 없지만 신경에 작용하는 독성 알칼로이드 성분 때문에 잎, 줄기, 뿌리, 나무껍질의 과량, 장기 복용을 피해야 한다.

❷ 혈압을 내리는 작용이 있어 평상시 저혈압이 있는 사람들(또는 저혈압 환자)은 섭취 시 주의가 필요하다. 또한 혈압 강하제(고혈압약)를 복용하는 사람들은 혈압조절에 문제가 생길 수 있으니 의사의 상담을 받아야 한다.

❸ 그라비올라의 강한 항균작용은 장기간 복용 시 체내 소화관 내부의 이로운 균도 파괴할 가능성이 있다. 장기 복용 시 유산균제 및 소화제 복용을 권고하고 있다.

❹ 장기적으로 먹을 시 진정작용으로 졸림 현상이 생길 수 있다. 이때는 복용량을 줄인다.

❺ 과량 복용 시 복통이나 구토를 유발할 수 있다.

❻ 그라비올라의 아스토제닌 성분은 암세포에 공급되는 ATP(생체에너지)를 선택적으로 차단하여 암세포를 굶겨 죽인다. 암 치료 용도로 장기 섭취 시에는 생체에너지를

촉진하는 물질의 복용을 피해야 한다.

❼ 항암 목적으로 이용 시 주로 잎이나 줄기를 이용한다. 씨앗과 뿌리는 신경독성 알칼로이드 성분이 있기 때문에 장기 섭취를 금한다.

❽ 열매를 먹을 때 입안에 염증이나 상처가 있을 경우 상태를 악화시킬 수 있다.

❾ 그라비올라는 유산을 일으킬 수 있으니 임신 중일 경우 섭취를 금한다.

6. 섭취방법 및 손질방법

❶ 열매: 과육을 설탕에 재워 먹으며, 아이스크림, 청량음료, 발효음료의 원료로 사용한다.

❷ 잎과 줄기: 우려내어 복용하거나, 건조잎, 분말화 캡슐(동결건조), 농축액 형태로도 사용한다.

❸ 열매는 씻어서 반으로 갈라 씨를 제거하고 과육을 먹는다.

❹ 잎은 씻어서 통풍이 잘되는 곳에서 말려 보관한다.

7. 보관방법 및 구매방법

❶ 잎과 뿌리는 밀봉을 하여 서늘하고 통풍이 잘되는 곳에서 보관한다.

❷ 열매는 냉장보관한다.

10 까마중

Black nightshade

1. 특징

❶ 가지과에 속하며, 흰색의 꽃이 핀다.

❷ 전국 각지의 들녘, 길가, 빈터에 분포하며, 30~90cm의 높이로 성장한다.

❸ 6~9월에 개화하며, 8~9월에 결실을 맺는다.

❹ 또 다른 이름으로는 '용규', '깜또라지'라고 불린다.

2. 효능

❶ 까마중의 각 부위와 전 식물체의 ethyl acetate 추출물 및 환류 추출물에 따른 DPPH free radical 소거활성을 조사한 결과, DPPH free radical 소거활성은 뿌리, 줄기 전부위, 열매 그리고 잎 순으로 높게 나타났으며, 꽃에서는 활성이 없었다. 전 식물체 추출방법 간의 DPPH free radical 소거활성은 식물체 전부위를 80% ethanol 에 3일간 침지하여 추출한 것보다 80도에서 6시간 환류 추출한 것이 높은 활성을 나타내었다.

❷ 까마중에 다량 함유되어 있는 안토시아닌은 항산화와 항암작용이 우수하다고 알려져 있다.

❸ 까마중은 신장계통 질환과 자궁암, 유방암, 폐암 등에 널리 쓰인다. 실제로 2012년 자궁암 세포 실험결과 까마중이 자가 소화기능을 높여 암세포가 사멸하는 것을 도와준다는 사실을 확인했다.

❹ 성질이 차고 맛이 쓰며 독이 없다. 피로를 풀어 주고 잠을 적게 자게 하며 열로 부은 것을 치료한다. (동의보감)

❺ 「본초강목」 같은 옛 중국 의학책에는 까마중이 열을 내리고 오줌을 잘나가게 하고 원기를 도와주며 잠을 적게 자게 하고 종기로 인한 독과 타박상 어혈을 다스리며 갖가지 광석물의 독을 푸는 작용이 있다. (본초강목)

❻ 잎에는 24~184mg%의 아스코르브산, 50mg%의 카로틴이 있다.

❼ 뿌리에도 알칼로이드와 사포닌이 있다.

❽ 잎과 줄기는 여러 가지 상처, 곪은 부위에 붙이며 열매는 눈을 밝게 한다.

❾ 민간에서는 강장약, 오줌내기약으로 신석증, 물고임에 쓴다.

⑩ 전초즙은 진정약, 땀내기약으로 감기에 쓴다.

⑪ 꽃은 가래약으로, 잎은 수렴약, 피멎이약으로 설사, 적리, 간비에 쓴다.

⑫ 잎과 열매 우린 액은 방부약, 염증약으로 치질, 궤양, 상처, 부스럼, 버짐, 습진 등에 쓴다. 또한 아픔멎이약으로 머리 아픔, 류머티즘, 통풍, 종양에도 쓴다.

3. 부작용

❶ 임산부는 금기한다.

❷ 약간의 유독성분이 있어 어린이들이 열매를 따 먹지 않도록 주의해야 한다.

❸ 과량으로 먹었을 때는 두통, 복통, 토사곽란, 동공 산대, 정신 착란 등의 중독반응을 일으킨다.

❹ 장기간에 걸쳐 복용하면 백혈구가 감소한다.

4. 섭취방법 및 손질방법

❶ 여름부터 가을 사이에 채취하여 햇볕에 말린다.

❷ 어린순을 나물로 먹으며 열매를 따먹기도 한다.

❹ 쓴맛이 나므로 나물로 할 때에는 데쳐서 충분히 우려낼 필요가 있다.

❹ 열매는 깨끗이 씻어 꼭지를 떼고 체에 받쳐 물기를 제거해 사용한다.

5. 보관방법 및 구매방법

❶ 열매는 장기간 보관하려면 냉동보관을 한다.
❷ 실온에 15일 정도 놔두어도 쉽게 상하지 않는다.
❸ 잎과 열매는 건조기에 말려 보관하는 방법도 있다.

11 꼬시래기

Sea string

1. 특징

❶ 바닷가의 자갈, 조개껍데기 등에 붙어사는 해조류이며, 장흥 · 완도 · 해남 · 진도 지역에서는 '꼬시락' 이라 불린다.

❷ '바다의 냉면' 이라 불리기도 하는 꼬시래기는 홍조류의 일종으로 줄기가 보통 20cm 정도 자라며, 최대 2~3m까지 자란다.

❸ 서식지는 돌, 조개껍데기 등에 붙어사는데 특히, 강물이 바다로 흘러드는 얕은 바닷가의 자갈이나 말뚝 등에서 서식한다.

❹ 식용으로 사용하거나 한천을 만드는 우뭇가사리와 섞어 쓰인다.

❺ 우리나라는 물론이고 일본이나 하와이에서도 음식으로 많이 먹는다.

❻ 일본, 사할린, 쿠릴 열도, 타이완, 그 밖의 세계 각지에 분포되어 있고, 우리나라에도 각지에 분포하고 있다.

❼ 초봄~늦가을이 제철이다. 몸은 사상 또는 원주상이며, 높이는 5~20cm, 직경은 1~2mm이다.

❽ 촘촘하게 우상으로 분기하고, 가지는 편재하는 수가 많고, 기부는 가늘게 되고 끝도 가늘다.

❾ 색은 생것은 자갈색, 녹색 또는 황색이며, 건조한 것은 암자색 또는 암갈색이다.

❿ 연골질이며, 대지에 잘 붙지 않는다.

2. 영양성분표

가식부 100g당	
열량	34kcal
수분	89.10%
단백질	1.80%
지방	0.20%
회분	2.70%
당질	5.90%
섬유	0.30%

무기질 미량성분(가식부 100당)			
수산물명	무기질		
	칼슘	인	철
꼬시래기	630	35	6.9

3. 효능

❶ 체내에의 불필요하게 축척될 수 있는 중금속을 배출해주는 효과가 있다.

❷ 식이섬유가 풍부하여 변비와 숙변에 좋은 효능이 있다.

❸ 높은 칼슘 함유로 골다공증을 예방하고 성장발육을 촉진한다.

❹ 지방과 탄수화물 함량이 매우 낮고 식이섬유소와 칼슘이 풍부하여 다이어트에 큰 도움이 된다.

❺ 타우린이라는 성분이 많이 함유되어 있어 간 기능을 향상시키고 음주로 인한 숙취해소에도 큰 도움이 된다

12 노니

Noni

1. 특징

❶ 학명은 모린다 시트리폴리아(Morinda citrifolia)이다.

❷ 쌍떡잎식물 꼭두서니목, 꼭두서니과, 노니속에 속하는 상록관목이다.

❸ 열대 아시아에서 폴리테시아에 걸쳐 널리 자생한다.

❹ 인도뽕나무, 바지티안, 진통제나무, 치즈과일, 파극천 등으로 불리운다.

❺ 표면이 울퉁불퉁하고 패인자국이 있는 감자처럼 생겼다

❻ 여러 개의 작은 갈색 씨가 들어있으며, 익을 경우 역한 냄새가 난다.

❼ 꽃은 작고 하얀색을 띄며, 동의보감에는 해파극 또는 파천극이라 한다.

❽ 높이는 3~12m로 다양하고, 꽃은 여름에서 가을까지 여러 번 개화한다.

2. 알려지지 않은 이유

노니는 수년전 부터 주스 형태의 건강식품으로 개발되고 판매 되고 있었는데. 암 등 질병에 활용해 본 뒤 효과가 있었다. 그러나 열매를 직접 구할 수 없어 호라용에 한계가 있었으나, 최근에 열매를 구할 수 있게 되어 다방면에서 알려지고 있다.

3. 영양성분표

항목	열량	탄수화물	단백질	지방	비타민 C	비타민 A	칼슘
함량	391kcal	88.85g	2.88	2.63	64.54	30f㎕	66.83mg

4. 효능

❶ 항암작용, 혈압강하작용, 항균작용, 진통작용, 진정작용이 있다.

❷ 소화작용, 체력증강작용이 있다.

❸ 조울증 및 수면장애의 개선작용이 있다.

❹ 인체의 자연치유력을 높이는 작용이 있다.

❺ 암세포 증식억제 작용이 있다.

❻ 체내의 발암물질 생성 방해작용이 있다.

5. 부작용

❶ 설사를 유발할 수 있다.

❷ 피부에 습진이 일어나거나 가려움증이 생길 수 있다. (일시적인 증상으로 자연스럽게 사라짐)

❸ 낙태를 유발할 수 있으므로, 임산부는 섭취를 금한다.

❹ 신체의 칼륨 수치를 증가시킨다.

6. 섭취방법

❶ 열매를 식품이나 약용으로 사용한다.

❷ 열매, 잎, 줄기, 꽃, 씨도 약용으로 사용한다. (하와이나 타히티 지역 원주민)

7. 보관방법 및 구매방법

❶ 열매는 익으면 냄새가 많이 나기 때문에 생으로 섭취 시에는 어려움이 있다.

❷ 생과는 실온에 두면 매우 빨리 맛이 변하기 때문에 꼭 냉장보관한다.

❸ 추출물을 이용한 제품들이 시중에 잘 나와 있기에 인터넷 또는 대형마트를 이용해 구매가 가능하다.

13 대추야자

Date palm

1. 특징

❶ 계는 식물계(Plantae)이며, 문은 피자식물문(Angiospermae)이고, 강은 외떡잎식물강(Monocotyledoneae)이며, 과는 야자과(PALMAE)이다.

❷ 잎, 열매, 수액, 나무를 사용한다. 열매와 수액은 식용으로 사용되며, 잎과 나무의 모든 부분이 실생활에 필요한 물건을 만드는 곳에 사용된다.

❸ 25m 정도까지 완전히 자란 나무에서 거의 100kg 가량의 열매가 생산된다. 중동의 특산물로, 서부 아시와와 북아프리카 원산으로 추정된다. 중동지역에서 기원전 4000년 전부터 기르기 시작했다.

❹ 사막지대의 물 근처에서 자연생처럼 잘 자란다. 현재는 중동 및 지중해 그리고 중국, 미국 등지에서 재배한다.

❺ 세상에서 가장 단 과일로 알려져 있으며, 설탕이 소개되기 전에는 설탕 대용으로 사용하기도 했다.

❻ 대추야자의 당도나 식감은 곶감 같기도 하며, 대추야자 열매는 그 당도 때문에 과거 설탕이 이 지역에 소개되기 전에는 대추야자 즙을 설탕 대용으로 사용할 만큼 매우 달다.

❼ 생명의 나무로 소개될 만큼, 대추야자 나무는 다산과 탄수화물의 공급원이다.

❽ 대추야자 열매는 그야말로 나뭇가지가 꺾일 정도로 주렁주렁 열리기 때문에 오래 전부터 다산의 상징으로 여겨져 왔으며, 먹거리가 부족한 사막지역 주민들의 당분과 탄수화물의 주요 공급원으로 사용되어 생명의 나무라는 별칭을 가지게 되었다.

2. 영양성분표

건조 대추야자 성분(100g 기준)					
수분	단백질	지질	회분	탄수화물	
24.8	2.2	0.2	1.5	71.3	
건조 대추야자 성분표(100g 기준)					
성분	함량	단위	성분	함량	단위
칼슘	71	mg	비타민 B_1	0.07	mg
인	58	mg	비타민 B_2	0.04	mg
철	0.8	mg	니아신	1.8	mg
칼륨	550	mg	비타민 B_6	1.16	mg
마그네슘	60	mg	판토텐산	0.94	mg
아연	0.4	mg	엽산	19	mg
구리	0.4	mg	비타민 E	14	mg
비타민 A (베타카로틴)	160	μg	–	–	–

3. 효능

❶ 에너지 공급원인 대추야자는 힘든 일을 하고 있는 사람에게 이상적이다.

❷ 풍부한 비타민과 미네랄 그리고 포도당, 과당 등이 훌륭한 에너지 공급원이 된다.

❸ 하루에 7개를 먹으면 하루를 무사히 견딜 수 있다는 말이 있을 정도로 영양이 풍부한 과일이다.

❹ 대추야자 100g당 약 280~300kcal, 밥 한 공기와 맞먹는 칼로리이다. 한꺼번에 다량 섭취는 금물이다.

❺ 변비 해결 섬유질이 풍부해 꾸준히 섭취하면 배변활동을 도와 독소를 배출하고 변비 해소에 도움을 준다.

❻ 대추야자를 하루 동안 물이나 우유에 불려 흡수하면 효과가 배가 된다.

❼ 심장에 좋다. 대추야자는 높은 칼륨으로 꾸준히 복용할 경우 심장에 좋고 뇌졸중을 예방할 수 있다.

❽ 대추야자의 식이섬유는 나쁜 콜레스테롤의 흡수를 감소시키고 낮추는 데 효과가 있다.

❾ 성기능 강화 대추야자는 정력 향상에 도움이 될 수 있다. 정자 수와 활동성을 증가시킨다.

4. 고르는 법

❶ 광택이 많이 나고 주름이 많이 없는 것을 골라야 한다.

❷ 표면이 끈적하면 불순물을 포함하고 있을 수 있기 때문에 끈적하지 않은 것을 선택한다.

5. 보관방법

❶ 내장보관: 온도가 낮고 건조한 곳에서 일주일 이상 보관할 수 있다.

❷ 냉동보관: 밀폐용기에 넣어 2~3년 이상 보관할 수 있다.

14 동과

冬瓜

1. 특징

❶ 박과의 한해살이 덩굴성 초본의 열매인 동과는 동아 또는 동아호박이라 불린다.

❷ 개화기는 6~9월이며, 수확시기는 10~11월이다. 원산지는 인도다.

❸ '겨울철 서리'가 앉은 오이 같다고 하여 동과라고 불리며, 멜론 또는 호박처럼 생겼다.

❹ 다 익은 것은 흰색 가루가 생긴다.

2. 효능

❶ 이뇨와 소종 작용이 있다.

❷ 신장병, 부종증, 비만증 등에 보조치료로 효과적이다.

❸ 갈증과 기침, 가래에 효과가 있다.

❹ 고혈압, 당뇨병 등에 효과가 있다.

❺ 동과꽃에 이뇨작용이 있을 것으로 추정되는데 동과에 있는 이뇨작용이 더 효과적이라서 굳이 꽃은 수확하지 않는다.

❻ 『동의보감』에서는 요로를 통하게 하고 제번(가슴답답), 지갈(갈증), 심열을 다스리고 소장을 통리한다고 기록되어 있다. 『본초강목』에서는 갈증을 없애고 악성 종기를 다스린다고 기록되어 있다.그리고 『향약대사전』에서는 이수통림의 효능이 있다고 기록되어 있는데, 이수통림이란 방광 쪽에 습기가 많아져 열이 심해지면서 소변량이 적고 몸이 무겁고 소화가 잘 안되는 병을 다스리는 방법이다. 『식료본초』에서는 열을 없애고 담석이 있는 사람은 마땅히 먹어야 한다고 기록되어 있다.

3. 부작용 및 주의사항

❶ 동과(동아)는 차가운 성질이라 평소 속이 차고 배탈이 잘나는 사람, 또는 소화기능이 약한 사람들은 과다 섭취를 자제해야 한다.

❷ 칼륨 함량이 높아 (만성신부전으로 인한) 고칼륨 혈증이 있는 사람은 자제하는 것이 좋다.

4. 보관방법

❶ 깨끗이 씻어 신문지로 싼 후 직사광선을 피해 서늘한 곳에 보관해야 한다.

❷ 동과는 속부터 썩으므로 겉에선 잘 모르기 때문에 2주~1개월 사이에는 섭취해야 한다.

❸ 동과를 즙으로 만들면 최대 10개월까지 냉장보관이 가능하다.

5. 영양성분표

동과의 영양성분표(100g당)

구분	에너지(kcal)	수분(%)	단백질(g)	지질(g)	당질(g)	섬유소(g)	회분(g)
생것	13	96	0.4	0.1	0.1	0.4	0.4
삶은것	12	96.3	0.5	0.1	2.2	0.5	0.4

구분	칼슘(mg)	철(mg)	나트륨(mg)	칼륨(mg)	비타민 A(R.E)	베타카로틴(μg)	B_1(mg)	B_2(mg)	니아신	비타민 C
말린것	16	2	1	170	–	–	0.01	0.01	0.3	41
삶은것	17	15	1	160	–	–	0.01	0.02	0.3	31

6. 섭취방법

차, 무침, 김치로 사용된다.

15 돼지감자

Jerusalem artichoke

1. 특징

❶ 뿌리를 사료로 써서 돼지가 먹는 감자라고 돼지감자라고 한다.

❷ 꽃과 잎이 감자같이 생기지 않았는데 감자를 닮은 뿌리가 달려서 뚱딴지 같다고 뚱딴지라고도 불린다.

❸ 국화과, 북아메리카가 원산지이며, 17세기 이후로 추정된다. 우리나라(전국)를 비롯하여 전 세계에 분포되어 있으며, 아무 곳에서나 잘 자란다.

❹ 꽃은 해바라기와 비슷하고, 9월 중순에 개화하며, 1월 말이나 12월 중순에 수확한다. 독성이 없다. (감자와 달리 솔라닌 성분이 없다.)

❺ 탄수화물이 거의 들어 있지 않아 칼로리가 매우 낮다. 지구에서 가장 이눌린 성분이 많은 식품이다.

2. 영양성분표

영양성분						
에너지	수분	단백질	지질	탄수화물	섬유소	회분
35kcal	81.2g	1.9g	0.2g	15.1g	–	1.6
무기질						
칼슘(mg)	인(mg)	철(mg)	나트륨(mg)	칼륨(mg)		
19	55	0.2	2	630		
비타민					폐기율(%)	
A(RE)	B_1(mg)	B_2(mg)	니아신(mg)	C(mg)		
0	0.07	0.05	1.7	12	30	

3. 효능

❶ 당뇨병 예방과 개선에 좋다.

❷ 면역 기능 강화식품이다.

❸ 대장암 예방에 좋다.

❹ 칼로리가 낮아 다이어트 식품에 좋다.

4. 보관방법

❶ 냉장고 야채실에 넣어 보관하는 것이 좋다.

❷ 저온 창고를 이용하는 것이 가장 좋다.

❸ 상온에 보관하면 시들면서 발아될 수 있으므로 모래와 섞어 차갑게 보관하거나 땅에 묻어두는 것도 좋다.

5. 섭취방법

감자튀김, 샐러드, 깍두기, 장아찌 등을 만들어 섭취한다.

16 두묘

豆苗

1. 특징

❶ 중국어로 더우미아오, 광둥어로 더우미우, 영어로 Pea shoot라고 불린다.
❷ 우리나라에서는 완두콩 콩나물 혹은 완두콩 새싹이라고도 한다.
❸ 어린 완두콩의 맨 위에 나온 어린 잎과 줄기, 그리고 덩굴손을 가리킨다.
❹ 중국 남부와 동남아시아에 사는 먀오족이 널리 알렸다.
❺ 상하이와 영국의 남부에서는 재배를 한다.
❻ 새끼손가락 손톱만한 크기의 잎부터 직경 2.5cm의 잎도 먹을 수 있다.
❼ 미국에서 개발한 non-GMO 종자인 콩나물 재배용 완두콩 종자를 말한다.
❽ 중국요리에서 고급채소로 손꼽힌다.

2. 알려지지 않은 이유

❶ 두묘가 알려지지 않은 이유는 중국에서 수확되는 양과 시기가 한정되어 있어, 일부 고귀한 사람이나 명절 등 특별한 날 이외에는 먹을 수 없는 희소품이었다.
❷ 일본에 두묘가 등장한 것은 1970년대의 일 · 중 국교 회복 이후이다. 1955년경부터 식물공장에서 콩을 발아시킨 상태의 두묘가 재배되면서, 연간 안정적인 생산이 가능해져 알려지고 있다. 특히 2008년 이후 급격히 성장하고 있으나, 우리나라에는 아직 알려지지 않은 상태이다.

3. 영양성분표

열량	수분	탄수화물	단백질	지방	나트륨	섬유질	비타민 A	비타민 C
26kcal	91.2g	2.6g	4.8g	0.8g	20mg	2.6g	407㎍	69mg
30kcal	89.3g	1.6g	5g	1.4g	3mg	2.5g	0㎍	8mg

4. 효능

❶ 건조 대변, 소변 등을 개선한다.
❷ 여름에 자외선 차단 역할을 한다.
❸ 몸의 부종을 제거한다.

❹ 구취제거 효능이 있다. 딱히 부작용은 알려진 것이 없다.

5. 재배방법

❶ 적절한 유기물과 비옥하고 중성(pH 6.0~7.5)인 토양이 적절하다.
❷ 감자 등 다른 채소와 연작을 피해야 한다.
❸ 씨앗을 심기 전 토양을 경작하고 적절한 수분을 공급한다.
❹ 4월 중순에 파종을 시작한다.
❺ 오전 8시부터 오후 12시까지 수확하는데, 비가 오면 수확이 불가하다.
❻ 지상에서 10~15cm정도 떨어진 15~20cm 정도의 줄기를 수확한다.
❼ 연간 3~4회 수확가능하다.
❽ 콩나물과 달리 1차 수확, 출하 후 줄기 중간 제거한다.
❾ 2차 수확이 가능하여 소득채소작목으로 부각 가능하다.

6. 섭취방법

❶ 두묘는 향미가 더 강하며 어린 시금치, 물냉이, 완두콩의 맛이 살짝 난다.
❷ 생선이나 고기 요리에 예쁘고 놀랄만한 향미를 내뿜는 장식으로 쓰이기도 한다.
❸ 좀더 자란 두묘에는 마늘을 곁들여 소테로 만들어 섭취한다.
❹ 샐러드에 넣어 레몬을 뿌려 먹기도 한다.

17 딜 Dill

1. 특징

❶ 식물로서 산형화과 채소이다.

❷ 잎은 작은 깃털처럼 생기고 솜털로 덮여 있다.

❸ 포기 전체에서 독특한 향기가 나서 꽃잎줄기종자를 허브로 사용하는데 종자의 향이 굉장히 강하다.

❹ 딜이라는 이름은 스칸디나비아어의 딜라에서 유래되었으며 우리나라 말로 '진정시키다', '달래다'의 뜻을 가지고 있다. 딜에는 진정효과와 최면효과가 있다.

❺ 딜의 씨는 소화, 구풍, 진정, 최면 효과가 좋고 구취제거와 동맥경화증 예방에 아주 좋으며 배겟속에 사용하면 숙면을 취할 수 있다.

2. 영양성분표

성분	단위	함량
열량	kcal	305.00
수분	g	7.70
단백질	g	15.98
지방	g	14.54
탄수화물	g	55.17
총 식이섬유	g	21.10
단일불포화지방산	g	9.41
회분	g	6.62
칼슘	mg	1516.00
인	mg	277.00
철	mg	16.33
나트륨	mg	20.00
칼륨	mg	1186.00
비타민 A	RE	146.00
비타민 C	㎍	3.00

티아민	mg	0.42
리보플라빈	mg	0.28
니아신	mg	2.81
엽산	mg	0.00
포화지방산	μg	0.73
다가불포화지방산	%	1.01

3. 효능

❶ 소화촉진과 구취제거에 효과가 있다.

❷ 뜨거운 음식에 넣을 때는 식탁에 내기 전에 넣어야 향이 오랫동안 유지된다.

❸ 비린내를 제거해주면서 생선 고유의 맛을 느끼도록 해준다.

❹ 모기퇴치에 효과적이다.

❺ 딜의 씨는 동맥경화증 예방에 좋으며 베갯속에 사용하면 숙면을 취할 수 있다.

4. 구매방법

❶ 수확 : 씨앗은 알맞는 흙에 심은 후 흙을 말리지 않고 관리하면 발아하고, 발아 후 2개월 정도 지나면 꽃을 볼 수 있다. 하지만 재배하기에 알맞은 시기를 잘 선택하는 것이 중요하다.

❷ 딜은 한해살이 풀이므로 겨울이 다 갈 무렵인 2월부터 6월까지가 파종의 적기이다.

18 렌틸콩

Lentil bean

1. 특징

❶ 렌틸콩 또는 렌즈콩이라고 불리며, 유럽 남부의 지중해 연안이 원산지인 일년생 콩과 식물이다.

❷ 양면이 볼록한 렌즈 모양의 콩이어서 렌즈콩이라 불린다.

❸ 렌틸콩은 40cm 정도로 자라며 위로 뻗는 긴 가지가 많이 나 있으며 식물체의 크기, 털의 유무, 잎과 꽃, 씨의 색깔에 따라서 여러 재배 품종으로 나뉜다.

❹ 씨앗은 꼬투리는 넓고 긴 타원형이며 약간 납작하고, 콩깍지 안에 있으며 보통 한 깍지에 두 개의 씨앗이 들어 있다.

❺ 렌틸콩은 주로 고온 다습한 지역에서 잘 자란다.

2. 영양성분표

에너지	1477(353kcal)	
탄수화물	60g	
설탕	2g	
식이섬유	3.1g	
지방	1g	
단백질	26g	
	비타민	
티아민(B_1)	0.87mg	76%
리보플라빈(B_2)	0.211mg	18%
니아신(B_3)	2.605mg	17%
판토텐산(B_5)	2.120mg	42%
비타민(B_6)	0.54mg	42%
엽산(B_9)	479mg	120%
비타민 C	4.4mg	5%

미량 성분

칼슘	56mg	6%
철	7.54mg	58%
마그네슘	122mg	34%
인	451mg	64%
칼륨	955mg	20%
나트륨	6mg	0%
아연	4.78mg	50%
수분	10.4g	

두류 영양소

식품명 \ 영양소	에너지(kcal)	탄수화물(g)	식이섬유(g)	단백질(g)	지질(g)
렌틴콩(브라운)	353.0	60.0	30.0	26.0	1.0
강낭콩	354.0	63.9	19.3	21.2	1.1
녹두	335.0	62.0	17.49	22.2	1.5
동부	333.0	60.3	15.78	22.2	2.1
왕두콩	343.0	67.1	24.57	20.7	1.3
잠두	348.0	55.9	9.30	26.0	2.0
팥	334.0	64.4	17.60	21.6	0.3
쥐눈이콩	358.0	41.2	–	38.9	6.9
밤콩	373.0	30.6	17.10	35.0	17.2
검정콩	382.0	31.1	17.10	35.2	18.2
서리태	378.0	30.5	17.10	34.3	18.1
대두(노랑콩)	400.0	30.7	17.10	36.2	17.8

3. 효능

❶ 검은색 렌틸콩이 주황색, 노란색 렌틸콩보다 섬유질이 3배 정도가 많다. 여러 번 도정한 렌틸콩은 섬유질도 함께 깍이므로, 되도록 검은색 렌틸콩을 섭취하도록 한다.

❷ 변비 예방

렌틸콩의 식이섬유 함량은 곡물 중에 가장 많다는 귀리보다 무려 2배나 높다.

❸ 간질환 예방

아미노산이 풍부하여 간세포 재생 효과, 간경화 등 간질환을 예방한다.

❹ 당뇨병과 고혈압 예방에 좋다. 식이섬유가 풍부하여 콜레스테롤을 조절하며, 심혈관계 질환을 예방한다.

❺ 빈혈 예방

비타민 B와 엽산, 칼륨, 철분이 많아서 빈혈에 좋다.

❻ 노화방지

식물성 에스트로겐 함유로 항암효과와 노화방지에 좋다.

Tip

렌틸콩과 당뇨, 다이어트의 관계

당뇨병과 고혈압 환자가 급격히 살이 찌는 이유는?
장 속에 비만을 일으키는 유해 세균이 급격하게 증가하기 때문이다.
비만을 일으키는 세균 중의 하나가 엔테로박터라는 장내 비만 세균 때문이다.
이 세균은 장내 유익균이 많아야 줄어드는데, 섬유소가 많고 복합 탄수화물이 많은 음식을 먹으면 증가한다.

이 중 하나가 렌틸콩이다.

1) 비타민과 식이섬유가 풍부해 당뇨병 환자의 혈당 조절에 도움을 준다. 식이섬유는 콜레스테롤을 낮추고 혈액을 맑게 한다.
2) 렌틸콩의 당 지수(혈당을 올리는 지수)는 22로 매우 낮아 당뇨병 환자들의 혈당 조절에 도움을 준다.
3) 아연 비타민 B, 엽산 등이 풍부하여 당뇨병 환자들에겐 필수적인 영양소 공급원이다.
4) 변비 예방–식이섬유가 풍부해(바나나의 12배, 고구마의 10배) 조금만 먹어도 포만감이 생긴다.
5) 장 운동을 활발하게 해 변비 해소와 뱃살을 빼는데 도움이 된다. (물을 많이 마셔야 한다.)
6) 우리 몸의 포도당 흡수를 낮춰 지방 생성을 방해한다.
7) 특유의 콩냄새가 없기에 오랫동안 먹어도 질리지 않는다.
8) 신체 에너지 대사를 활발하게 해서 활동적으로 변한다.
9) 식이섬유 함량은 껍질을 그대로 섭취할 수 있는 검은색, 브라운 렌틸콩이 가장 많다.
10) 다이어트 목적이라면 도정을 적게 한 검은색, 브라운 렌틸콩을 활용하면 좋다.

4. 부작용

❶ 렌틸콩은 신장이 좋지 않은 사람은 되도록 피하는 것이 좋다.

❷ 과다 섭취 시 복통, 속쓰림 증상이 생긴다.

❸ 식이섬유 함량이 높아 다량의 수분 섭취가 필요한데, 렌틸콩을 먹고 물을 안 마시면 변이 단단해져 배변이 어려울 수도 있다.

❹ 과도하게 섭취 시 건강을 해치고 체중이 증가한다.

5. 섭취방법 및 보관방법

❶ 렌틸콩은 밀폐용기에 담아 서늘하고 통풍이 잘되는 곳에 보관한다.

❷ 약 12개월 보관이 가능하다.

❸ 렌틸콩은 반나절 정도 불려 사용하는 것이 좋다.

❹ 렌틸콩은 15분 정도 삶아 각종 요리에 섞어 먹으면 좋다.

❺ 죽, 렌틸콩 앙금, 샐러드, 청국장 등이 대표적인 음식이다.

19 로즈마리
Rosemary

1. 특징

❶ 꿀풀과에 속하는 여러해살이 풀이다.
❷ 자생지에서 식물 크기가 2m까지 자라나는 관목성이다.
❸ 일반적인 크기는 50~150cm이다.
❹ 잎은 가늘고 긴편이며, 윗면은 광택이 나는 짙은 녹색이고 뒷면은 회색 솜털이 많다.
❺ 보통 따뜻한 지역은 3월부터 7월경에 하늘색, 보라색, 분홍색 등의 연한 꽃이 자란다.
❻ 시원하면서도 달콤한 향을 가진다.

2. 영양성분표

성분	단위	함량
열량	kcal	131
수분	g	67.67
단백질	g	3.31
지방	g	5.86
탄수화물	g	20.70
총 식이섬유	g	14.10
레티놀	g	2924.00
회분	g	2.35
칼슘	mg	317.00
인	mg	66.00
철	mg	6.65
나트륨	mg	26.00
칼륨	mg	317.00
비타민 A	RE	146.00
비타민 C	μg	21.80

티아민	mg	0.04
리보플라빈	mg	0.15
니아신	mg	0.91
엽산	mg	109.00
포화지방산	㎍	2084
다가불포화지방산	%	0.90

3. 효능

❶ 로즈마리는 향수나 방향제로 많이 사용된다.

❷ 해충 차단을 목적으로 사용된다.

❸ 로즈마일을 차로 하루 2~3잔 마시면 다이어트에 도움이 된다.

4. 부작용

❶ 로즈마리는 맛이 맵고 성질이 따뜻해서 소화력이 약한 사람들에게는 좋다.

❷ 열이 잘 달아오르는 소양인 체질의 사람들은 많이 먹거나 냄새를 맡지 않는 것이 좋다.

5. 섭취방법 및 보관방법

❶ 생잎은 밀폐용기에 담아 냉장보관한다.

❷ 말린 것은 밀폐용기에 담아 실온에 보관한다.

❸ 수확 : 잎을 주로 이용하는데 가지째 잘라 잎을 따서 건조시키든가 냉동보관해도 된다. 생잎이든 건조시킨 것이든 향기에는 별로 차이가 없다.

수확시기는 꽃이 진 후 밀생한 가지나 도장한 가지를 전정을 겸해서 2~3개월에 한 번 씩 깎아 주며 이때 잘라낸 가지의 잎을 따서 이용한다. 가지도 이용할 수 있다.

❹ 6~10월 사이 봄, 가을에 그해 자란 가지가 다소 굳어져서 목질화한 때가 적기이다. 또 이른 봄에 지난해 자란 가지도 꺾꽂이할 수 있다.

20 리마빈

Lima bean

1. 특징

❶ 페루의 수도 리마에서 유래되었다.

❷ 영어이름은 Lima bean이라고 한다.

❸ 이마두, 협두, 리마콩, 슈가빈(sugar bean), 버터빈(butter bean)이라고도 불린다.

❹ 두류 중 최고의 맛과 향기로 "황제콩"이라고도 불린다.

❺ 중앙아메리카 원산의 한해살이 풀이며, 열대지역은 여러해살이풀이다.

❻ 호온성 채소에 속하며, 겨울에는 말라 죽는다.

❼ 나비 모양의 흰색 꽃과 초승달 모양의 꼬투리 모양이다.

❽ 흰색, 검은색, 붉은색, 얼룩무늬 등 다양하다.

❾ 덤불 혹은 덩굴성 종류는 꼬투리의 크기, 모양, 굵기, 빛깔 등이 다양하다.

❿ 불용성 섬유질 및 가용성 섬유질이 함유되어 있다.

2. 영양성분표

항목	열량	탄수화물	단백질	지방	식이섬유	칼륨
리마빈	113kcal	20.1g	6.8g	0.8g	4.9g	467mg
강낭콩	337kcal	61.2g	22.5g	1g	15.2g	1359mg
검은콩	341kcal	62.3g	21.6g	1.4g	15.2g	1483mg

3. 약용성분

❶ 풋 꼬투리, 종실 및 줄기는 신장염, 당뇨병, 수종 등의 치료에 사용된다.

❷ 자바에서 종자를 복부에 습포하여 복부 치료에 사용된다.

❸ 생으로는 절대 섭취해서는 안 된다.

❹ 과다 복용할 겨우 설사와 복통이 올 수도 있다.

4. 재배

❶ 강낭콩보다 생육기간이 길다.
❷ 덩굴성 품종은 파종이 늦으면 수확이 불가하다.
❸ 종자의 발아가 어렵다(15℃ 이하 발하 불가).
❹ 고온에서 꼬투리의 착생이 없음에도, 미얀마 같은 열대우림에서 중요한 콩 작물로 재배한다.

5. 조리방법 및 손질방법

❶ 씻어서 6시간 정도 불려서 사용하는 것이 좋다.
❷ 삶으면 달고 향미가 있어 두협류 중 가장 맛이 있다.
❸ 삶은 물은 파세올라틴이나 시안산을 함유하고 있어 중독되기도 한다.
❹ 종자는 삶아 먹는다.
❺ 중국, 서양에서 많이 사용되고 있다.
❻ 생 리마빈과 냉동 리마빈은 같은 영양을 포함하고 있다.
❼ 조리 시 어떤 것을 넣어먹어도 무방하다.

6. 보관방법

통풍이 잘되고 서늘한 곳에 보관하는 것이 좋다.

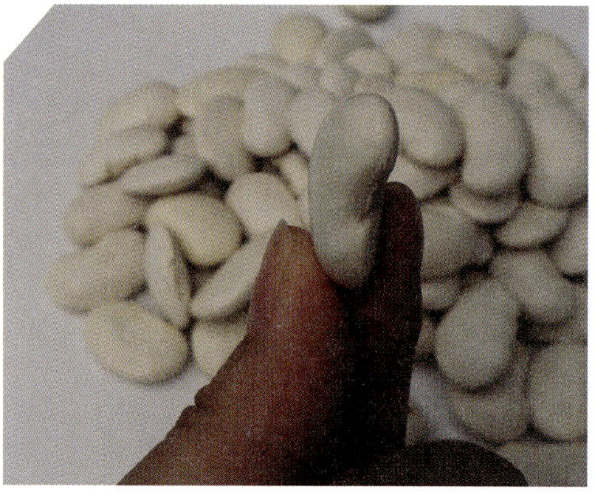

21 마카

Maca

1. 특징

❶ 학명은 Lepidiumum meyenii Walp이며, 속명이 Maca이다.

❷ 희랍어의 Lepidion(작은 비늘 조각)이라는 의미가 있는 어원이다.

❸ 주요 생산지는 남아메리카의 페루이며, 현재 페루에 14종류가 있으며, 3~4종만이 식용가능하다.

❹ 장미와 비슷하며, 뿌리 알맹이를 건조하여 식용으로 사용한다.

❺ 감자와 모양이 비슷하며, 페루안데스 고원에서 자생한다.

❻ 잎은 시들어 있는 모양이며, 색은 노랑, 보라, 분홍 등 다양하다. 페루의 전통 약용식물이다.

2. 역사

❶ 에스파냐가 페루를 정복하였을 때 페루의 마카를 가져가 재배하였다.

❷ 유럽 각국에서 주식에 가까운 위치를 차지하고 있다.

❸ 잉카제국은 마카를 화폐로 사용하여 물물교환하는데 사용하였다.

3. 영양성분표

수분	탄수화물	단백질	지방	섬유질	칼슘	칼륨	리보플라빈
10.4g	59g	16g	2.2g	8.5g	150mg	2050mg	650mg

4. 효능

❶ 노화 억제(비타민 E)

❷ 최음 및 발기부전에 효과가 있다.

❸ 전립선 비대증 치료에도 효과가 있다.

❹ 남녀 호르몬 증진(아르기닌)

❺ 임신 및 태아 영양공급(DHA 함유)

❻ 성장호르몬 HGH 증가로 생명활동을 증진시킨다.

❼ 알칼로이드, 스테로이드, 덱스트린 등이 성기능을 증진시킨다.
❽ 호르몬 밸런스 유지(칼슘, 철, 아미노산, 미네랄)
❾ 면역력 강화

5. 부작용

호르몬 균형을 조절하기 위해 섭취 시 과잉섭취하면 안 된다.

6. 재배

❶ 산성토양 및 높은 온도차에도 재배 가능하다. (20℃~－15℃)
❷ 9~11월 파종을 하며, 다음해 5~7월에 수확한다.
❸ 토양의 영양소 및 미네랄을 과다 흡수하기 때문에 토양은 5~10년 정도 휴식기간이 필요하다.

7. 섭취방법 및 구매방법

❶ 하루 약 6g으로 2~3회 나누어 섭취한다.
❷ 분말로 수입하기 때문에 우유나 음료에 타서 섭취한다.
❸ 현재 한국에 도입되어 재배되고 있으며, 인터넷사이트를 통해 구매가 능하다.

22 마테

Mate

1. 특징

❶ 영어로는 마테(Mate)라 불리며, 학명으로는 아일렉스 파라과이엔시스(Ilex paraguayensis)이며 파라과이 감탕나무라 한다.

❷ 감탕나무과의 상록 소교목으로 높이 6m 정도의 식물이며, 열매는 적색 또는 적갈색이며 지름 6mm의 둥근 모양이다.

❸ 꽃은 잎 옆에 달리는 4수이며 녹색빛이며, 마테는 예르바 메이트, 브라질리언티라고 불리우며, 중남미가 원산지이다.

❹ 마테는 중남미를 비롯한 여러 국가에서 주로 전통 천연차로 미국 등에서는 추출물로서 식이보충제의 원료로서 섭취하고 있다.

❺ 비타민이나 미네랄의 함량이 매우 높고 마시는 샐러드라고 불린다.

❻ 와인처럼 최소 9개월의 숙성, 발효 과정을 거쳐야지만 특유의 향과 맛이 만들어진다.

❼ 안데스의 산삼으로 불리며, 남미 페루 안데스 산맥의 4,000~5,000m 고원에 자생하며, 해외에서는 어린이용 요구르트, 음료에 첨가한다.

❽ 마테는 아르헨티나, 브라질, 파라과이, 우루과이 등과 같은 나라에서 국가 음료가 되었다.

❾ 다른 차에는 철의 흡수를 방해하는 탄닌 성분이 들어있는데 반해 마테에는 탄닌이 거의 들어 있지 않아서 철분이 부족할 때 음용하면 도움이 된다.

2. 역사

❶ 1000년 전부터 마테를 차로 마시기 시작했고, 잉카제국 사람들은 산소가 부족한 고산지대에 살면서 체력이 떨어지고 건강이 나빠지는 것을 막기 위해 마테차를 마셨다.

❷ 마테의 잎에는 카페인이 함유되어 있어 남아메리카 인디언들이 각성제로 씹었던 것이다. 예수교인들이 17세기에 마테 상록수를 심기 시작하였고, 18세기에는 마테차를 독점하여 상업화하였다.

❸ 19세기에 세계적으로 재배를 시작하여 현재는 상업적 규모로 재배하고 있다.

❹ 남미에서는 손님이나 친구들에게 마테차를 준비하는 일 자체를 명예로운 일로 여기고 있다.

3. 영양성분표

비타민	A, C, E, B_1, B_2, B_5, B 복합체, 니코틴산
미네랄	칼슘, 망간, 철분, 셀레늄, 칼륨, 마그네슘, 인, 아연
그 외 화합물	카로틴, 지방산, 엽록소, 프라보놀, 폴리페놀 등의 15가지 아미노산

마테차 영양 정보		
열량	30cal	
총 지방	0g	0%
나트륨	60mg	3%
총 탄수화물	6g	2%
단백질	0g	
철	0g	10%

4. 종류

마테차는 만드는 종류에 따라 두 가지로 분류된다,

❶ Green Mate

성분 보존을 위해 데치지 않고 사용한 것이며, 비타민 C, 비타민 A, 비타민 B_1이 풍부하다.

❷ Black Mate

성분 보존보다는 향을 위해 데쳐 사용하는데 그 과정에서 비타민을 거의 다 잃는다.

5. 효능

❶ 다이어트 효과

마테에 들어 있는 클로로겐산이 지방 대사를 촉진시켜 체지방 분해를 돕고, 특히 식사 전에 마시면 포만감이 빨리 들어 다이어트에 효과적이다.

❷ 성인병 예방

탄수화물의 분해를 도우며, 우리 몸의 신진대사에 있어 산소에 의한 당 분해를 일정하게 유지시켜 주는 능력으로 더 많은 칼로리를 소비할 수 있으며 근육을 피로하게 하는 젖산의 생성을 줄여준다.

❸ 면역력 강화

사포닌 성분이 들어 있어 면역력을 강화시켜 각종 질병으로부터 몸을 보호해주는 능력이 있다.

❹ 생활 활력제

마테는 녹차가 가진 144가지보다 많은 196가지의 활성 영양분을 공급하며, 더운 여름에 여가 활동 시 체력을 보강해주어 지속적으로 체력을 유지시키고, 마테의 적당한 카페인은 교감신경을 활발하게 하고 뇌에 활력을 주어 건강에 도움이 된다.

다른 차에는 철의 흡수를 방해하는 탄닌 성분이 들어 있는데 반해 마테에는 탄닌이 거의 들어 있지 않아서 철분이 부족할 때 음용하면 도움이 된다.

❺ 정신안정 및 우울증 완화

메테인이라는 성분이 풍부한데 이 성분은 정신을 안정시켜 주는 역할을 하며, 또한 콜린, 트립토판의 성분으로 우울증 완화에도 도움이 된다.

6. 부작용

❶ 과다 섭취할 경우 위장 장애를 일으켜 속이 쓰릴 수 있다.

❷ 커피와 녹차처럼 카페인이 함유되어 있으니 노약자나 임신 중 혹은 수유 중인 여성은 과다 섭취를 피해야 한다.

❸ 일반적으로 녹차, 홍차, 마테차 등 높은 온도의 물에 넣어 마시는 경우 식도의 자극을 주며, 심한 경우에는 식물 잎 속의 특정 발암성 물질의 활성을 촉진해 발암의 원인이 될 수도 있다.

23 모링가

Moringaceae

1. 특징

❶ 모링가과(Moringaceae)의 유일 속으로 열대 및 아열대 기후 지역에 분포하는 다년생의 식물로 원산지는 북부 인도지방이다. 필리핀에서는 '말룽가이' 라 불리며 많이 키우고 있다.

❷ 모링가 속명은 올레이페라(M.oleifera)를 가리키는 타밀어의 '무룽가이(murunggai)' 또는 말라얄람어의 '무룽가(muringa)' 에서 유래했다.

❸ 쌍떡잎식물에 속하며, 모링가과이다.

2. 영양성분표

Ca(칼슘)	2.65867
Mg(마그네슘)	0.56955
P(인)	0.53065
K(칼륨)	1.52002
Cu(구리)	0.00048
Fe(철)	0.00858
Mn(망간)	0.00429
Zu(아연)	0.00204
g/100g	
β-carotene(베타카로틴, 비타민 A 전구체)	23.84
비타민 B_1	13.25
비타민 B_6	30.04
니아신	112.61
비타민 E	94.78
mg/100g	

3. 효능

❶ 암세포 전이 억제

뿌리 추출물에 의한 MMP-9 활성 억제

Tip MMP-9(Matrixmetalloproteinase-9) 세포막을 구성하는 Type IV Collagenase(콜라겐 분해효소)과 Fibronectin(당 단백질)을 분해하여 암세포의 침투와 전이를 용이하게 하는 물질이다.

❷ 노화방지

모링가 잎에는 93.2% 항산화물질이 있어 노화방지에 효과적이다.

❸ 당뇨 개선

아연(Zn)이 풍부하고, 인슐린 수용체를 활성화시켜 혈당을 낮춰준다.

❹ 아연(Zn)의 영양권장량의 경우 10~12mg / 비만 예방

모링가 잎은 중성지방과 총 콜레스테롤, LDL-콜레스테롤 수치를 낮춰주므로 항비만 효과가 크다.

Tip LDL(low density lipoprotein): 간이나 장의 콜레스테롤을 조직으로 운반하는 저밀도 지단백
HDL(high density lipoprotein): 혈관 벽의 콜레스테롤을 제거하는 인자

4. 부작용

❶ 일반적으로는 구역질과 설사, 복통을 유발하고 공복에 먹으면 설사약의 효과가 나타나며 뿌리와 줄기껍질은 자궁근육을 수축시키기도 한다.

❷ 임신한 여성은 먹지 않는 것이 좋다.

5. 섭취방법

❶ 모링가 잎은 말려서 먹는다.

❷ 모링가 잎을 말려서 먹으면 생식보다 영양성분이 극대화되어 영양성분 흡수를 효율적으로 할 수 있다.

6. 보관방법 및 구매방법

❶ 서늘하고 통풍이 잘되는 곳에 보관한다.

❷ 건조된 모링가 잎이 시중에서 유통되고 있다.

24 밀크씨슬

Milk thistle

1. 특징

❶ 쌍떡잎식물이며, 국악과에 속한다.

❷ 1.5m 크기까지 자라며 개화기는 6~8월이다. 원산지는 남서유럽, 북아프리카, 아시아이다.

❸ 속명의 Silybum은 어떤 엉겅퀴와 비슷한 식물에 디오스코리데스가 붙인 그리스명에서 유래되었다.

❹ 잎, 줄기, 뿌리, 씨앗 모두 식용이 가능하며, 엉겅퀴의 일종이다.

❺ 모든 부분을 식용할 수 있으며 소화를 도와준다.

❻ 씨앗과 잎은 모유 부족, 기침, 우울증과 함께 소화기간, 간, 쓸개, 비장의 이상에 사용한다.

❼ 씨앗 속의 실리마린 성분은 독버섯을 포함한 많은 독소들로부터 간을 보호하는 것으로 밝혀졌다.

2. 효능

❶ 밀크씨슬의 주요 성분인 실리마린(씨앗 추출물)의 항산화력은 비타민E의 10배에 달한다. 초기 알코올성 간질환에 개선효과가 있다. 또 세포외막을 보호하고 손상된 간세포 단백질 생성에 도움을 준다. 간세포 안에 효소가 생기면서 간 수치가 올라가면 건강을 해치는데 이 간 수치를 낮춰주는 영양소가 바로 실리마린이다.

❷ 알코올 해독과 분해

알코올이 분해되는 과정에서 남

는 에너지원을 간에 저장하게 되는데 많이 저장되는 경우 지방간이 발생된다. 그렇기 때문에 알코올을 빨리 분해해야 하는데 이때 항산화 성분 중 하나인 "글루타치온"을 이용하여 알코올 분해의 촉진 및 간세포 복구를 하게 된다.

❸ 간질환 완화

1992년 독일에서 실시된 대규모의 연구에서 지방간, 간염 및 간경변 등을 앓고 있는 2,600여 명의 환자들에게 8주간 매일 정량의 밀크씨슬 추출물을 섭취하게 한 결과 이들 중 63%가 구토, 피로감, 거식증, 복통 등의 증상이 사라져 현재까지 독일에서는 밀크씨슬을 간의 해독작용과 만성 간염이나 간경변, 지방간 등의 치료약으로 사용하고 있다.

❹ 면역기능 강화

밀크씨슬은 체내에서 간 기능을 향상시키는 세포 활성화 물질로 작용하면서 각종 인체에 유입된 해로운 물질을 간에서 해독하는 데 도움을 준다. 해로운 물질을 간에서 더 잘 해독하게 함으로써 면역기능이 강화된다.

❺ 활성산소로부터 간세포 보호

밀크씨슬의 실리마린 성분은 강력한 항산화작용을 통해 활성산으로부터 간세포와 조직을 보호해 준다. 간이 파괴되지 않도록 지켜주면서 동시에 간이 더욱 건강해질 수 있도록 새로운 간세포의 생성과 활동을 돕는 것이다.

3. 부작용

과다 복용 시 복통, 설사, 구토, 식욕 부진이 생길 수 있다. 그렇기에 밀크씨슬의 대표 성분인 '실리마린'의 경우 세계보건기구(WHO)는 하루 200~400mg 정도까지 섭취할 것을 권장하고 있다.

4. 섭취방법

❶ 밀크씨슬 씨앗을 볶아서 먹거나 가루로 만들어 먹는다.

❷ 각종 샐러드나 음료에 섞어서 먹기도 한다.

❸ 생잎은 먹으면 상추 맛이 나는데 가시가 많아 제거하고 섭취하는 것이 번거롭다.

❹ 하루에 1~2Ts만 섭취한다.

5. 구매방법 및 보관방법

❶ 환 제품 또는 씨앗으로 수입되어 들어온다.

❷ 인터넷에서 건강식품센터 등에서 쉽게 구매 가능하며, 씨앗도 분양해주는 사이트가 있어 직접 재배도 가능하다.

❸ 밀봉하여 서늘하고 통풍이 잘되는 곳에 보관한다.

25 백부자 白附子

1. 특징

❶ 쌍떡잎식물이며, 미나리아재비과에 속한다. 속명은 노랑돌쩌귀이다.
❷ 원산지는 한국(충청이북), 중국이며, 우리나라에서는 풀밭이나 관목 숲이 분포지이다.
❸ 1m까지 자라며, 7~8월에 개화를 하고 9~10월에 결실을 맺는다.
❹ 야생화, 약용으로 사용되며, 꽃말은 '아름답게 빛나다' 이다.
❺ 약재로 사용하다 보니 자생지가 많이 훼손되어 멸종위기 2급으로 지정되어 있다.

> **Tip** 백부자의 또 다른 이름은 '돌쩌귀'이다. 나이가 지긋한 분들은 아마도 잘 아실 테지만 10대나 20대들에게는 좀 생소한 단어일 것이라 생각된다. 돌쩌귀의 사전적 의미는 주로 한옥의 여닫이 문에 다는 경첩을 의미한다. 쇠붙이로 만든 암수가 짝을 이루어 문을 여닫을 수 있도록 하기 위해 쓰이는데 수 짝은 문짝에 박고, 암 짝은 문설주에 박아 서로 맞추거나 꽂게 되어 있다.

2. 영양성분표

니아신 0.30mg	나트륨 76.00mg	단백질 0.60g	당질 15.30g	레티놀 0.00μg	베타카로틴 0.00μg
비타민 A 0.00μgRE	비타민 B_1 0.16mg	비타민 B_2 0.15mg	비타민 B_6 0.12mg	비타민 C 11.00mg	비타민 E 0.00mg
식이섬유 2.80g	아연 1.20mg	엽산 1.20μg	인 69.00mg	지질 1.20g	철분 3.10mg
칼륨 458.00mg	칼슘 39.00mg	콜레스테롤 0.00mg	회분 0.80g		

3. 효능

> **Tip** 초오(草烏) – 야생 또는 재배한 식물의 원뿌리 가공품을 말한다.
> 부자(附子) – 재배 초오의 곁뿌리 가공품을 말한다.

❶ 초오(草烏)는 야생의 투구꽃 원뿌리를 말하고 맹독이므로 주의해야 한다. 초오는 진통, 진경, 산한습, 소종의 효능이 있고, 사지마비, 풍습비통, 관절염. 신경통, 완복냉통, 두통, 임파선염, 냉 설사를 다스린다.

❷ 부자(附子)를 소금물에 담구면 염부자(鹽附子)라 하고, 감초와 검은콩 삶은 물에 담구면 포부자(炮附子)라 한다. 부자는 강심, 회양, 흥분, 거한습, 온경, 진통의 효능이 있고, 심장쇠약, 심계항진, 심복냉통, 비한냉설, 사지궐냉, 대한망양, 만성관절염, 신경통, 풍한습통, 반신불수, 위내정수, 만성수종, 음낭습을 다스린다.

❸ 성질은 따뜻하고[溫] 맛은 달며 맵고[甘辛] 조금 독이 있다. 중풍으로 목이 쉰 것, 모든 냉(冷)과 풍기(風氣)를 낫게 하고 가슴앓이를 멈춘다. 음낭 밑이 축축한 것을 없애고 얼굴에 난 모든 병을 낫게 하며 흠집을 없앤다.

> **Tip**
> ㅇ색은 희고 싹은 검은 부자와 같다. 음력 3월에 뿌리를 캐 햇볕에 말린다. 약에 넣어 쓸 때에는 싸 구워서 쓴다[본초].
> ㅇ『신농본초경』에는 신라에서 난다고 쓰여 있는데 이것은 우리나라에서 난다는 것을 말한 것이다. 현재 곳곳에서 자라고 있다[속방].

❹ 뿌리에는 진통작용이 있어서 약재로 이용된다. 특히 이것은 우리나라 중북부지방의 특산물로 신라 때에 이미 중국 문헌에 소개되었다. 약효 성분으로는 강한 알칼로이드인 히파코니틴이 함유되어 있다. 약성은 온화하고 독이 있으며, 갑작스러운 뇌졸중으로 반신불수가 되었거나 안면의 신경마비에 쓰이며, 신경통으로 팔과 다리에 통증이 심하고 저린 사람에게도 유효하다.

❺ 거풍담(祛風痰) (풍담(風痰)을 제거하는 효능)
축한습(逐寒濕) (한습을 제거하는 효능)
진경(鎭痙) (경련의 증상들을 진정시키는 효능)
지통(止痛) (통증(痛症)을 그치게 하는 효능)

해독(解毒)	(독성(毒性)을 풀어주는 효능)
산결(散結)	(맺힌 것을 푸는 효능)
거풍(祛風)	(안과 밖, 경락(經絡)및 장부(臟腑) 사이에 머물러 있는 풍사(風邪)를 제거하는 것)
조습(燥濕)	(고조(苦燥)한 약물로 습사(濕邪)를 제거하는 방법으로 중초습증(中焦濕證)에 적용)
활담(豁痰)	(담(痰)을 걷어 내는 효능)

4. 부작용

❶ 백부자는 과거 사약을 만들 때 사용했던 '독초'로 백부자를 생으로 섭취 시에는 독중독으로 인해 사망할 수 있으므로 생으로 섭취하는 것은 절대로 금한다.

❷ 전문가의 지시에 의해 포 제품을 복용한다.

❸ 음허양성, 열증 동통 및 임산부는 복용하는 것을 금한다.

❹ 백부자의 한의학적 성질은 따뜻하다. 그러므로 열이 많은 사람이 섭취 시에는 오히려 독이 되므로 사용을 금한다.

5. 섭취방법 및 보관방법

❶ 덩이뿌리를 백부자라 하여 이른봄이나 가을, 겨울에 뿌리를 캐서 물로 씻고, 독을 빼기 위하여 증기로 찌거나(6~8시간) 소금물에 15~30일 정도 담갔다가 물에 씻어 햇볕에 말린다. 주로 탕약을 끓여 먹는다.

❷ 서늘한 곳에 말려 보관한다.

26 버터넛 호박

Butternut squash

1. 특성

❶ 박과 동양계 호박이며, 1940년대 미국에서 품종개량을 하여 만들어진 호박이다.
❷ 호박계의 귀족이라 불리고, 껍질이 얇고 조직이 단단하다.
❸ 땅콩호박, 버터넛 스쿼시(Butternut Squash)라는 다른 이름이 있으며, 맛이 부드럽고 담백하다.

Tip 동양계 호박과 서양계 호박이 무엇인지 또, 왜 그런가?

동양계 호박
멕시코 남부 ~ 중미를 기원지로 한다. 중미의 열대 기원이어서 다른 재배종에 비해 난지 환경에 적응하므로, 북반구와 남반구를 중심으로 재배가 많다. 그리고 인도, 말레이시아, 중국, 한국, 일본 등 동양의 여러 나라에서 호박 품종의 주체를 이루어 왔다. 이 때문에 동양계 호박이라 부를 수 있다.

서양계 호박
페루, 볼리비아, 칠레의 고랭지가 기원으로 전분과 카로틴 함량이 높고 저온에 비교적 강해 온대북부와 아한대 지방에 적응되어 재배되었다.

결론은 동양계, 서양계 이름의 유래는 호박의 기원보다는 호박 품종의 주체를 이루어 온 지역에서 따온 것이라고 할 수 있다.

버터넛 호박은 다른 호박들에 비해 유달리 저장기간이 긴데 왜 그런가?
다른 호박들에 비해 조직 치밀도가 높다. 또한 수분함량이 많고 다른 호박에 비해 수분 증발량이 비교적 낮아서 타 호박에 비해 저장기간이 긴 편이다. 내피의 겉면에 전분이 둘러싸고 있어 갈변도 느리다.

2. 영양성분표

영양성분표(100g 기준)				
성분	단위	늙은 호박	버터넛 호박	단호박
에너지(칼로리)	kcal	27	45	55
탄수화물	g	7.5	11.69	6.6
식이섬유	g	0.8	2	1.8
단백질	g	–	1	1.7
비타민 A	μg	119	532	191
베타카로틴	μg	712	4226	1145
비타민 B_1(티아민)	mg	0.07	0.1	0.04
비타민 B_2(리보플라빈)	mg	0.08	0.02	0.03
니아신	mg	1.5	1.2	0.9
판토테닌산/판토텐산	mg	–	0.4	–
파라독신	μg	–	0.154	0.1
엽산	mg	–	27	9.3
비타민 C	mg	1.5	21	19
비타민 E	mg	–	1.44	2.5
칼슘	mg	28	48	22
철	mg	0.8	0.7	0.4
마그네슘	mg	–	34	–
망간	mg	–	0.202	–
인	mg	30	33	36
칼륨	mg	334	362	281
아연	mg	–	0.15	0.17

3. 효능

❶ 독소 배출에 매우 탁월하다.
❷ 면역력 증진에 좋다.
❸ 혈관기능 개선에 좋다.
❹ 암 예방에 좋다.

4. 손질방법

필러를 이용해 껍질을 벗겨내고, 반으로 갈라 속을 파낸 후 알맞은 크기로 썰어 사용한다.

5. 요리

버터넛 호박 샐러드, 그라탕, 죽, 카레 등 종류가 매우 다양하다.

27 부처손

卷柏

1. 특징

❶ 학명은 Selaginella tamariscina이고, 양치식물이며 부처손과이다.

❷ 한국, 중국, 일본, 타이완, 필리핀, 북인도에 분포되어 있으며, 건조한 바위면에서 자생한다.

❸ 크기는 20cm까지 자란다.

❹ 가지는 편평하게 갈라지고 앞면은 녹색, 뒷면은 흰빛이 돈다. 습기가 없을 때는 공처럼 말리며, 습기가 있을 때는 다시 활짝 펴진다.

❺ 잎은 1.5~2mm로 4줄로 배열되고 끝이 실처럼 길어지며 가장자리에 잔 톱니가 있다. 관상용으로 가꾸기도 한다.

❻ 부처손이란 부처나 보처(부처 좌우에 자리하는 보살)의 손(手)이란 의미이다.

❼ 중국명은 환훤카오(还魂草, 환혼초)라 하며, '죽은 자의 넋을 살아 돌아오게 하는 환생의 풀' 이란 뜻으로 해석된다.

2. 효능

❶ 부처손을 동물에 투여한 실험결과를 보면 흰쥐에 이식한 암이 억제되었고, 종양이 이식된 흰쥐의 생존기간이 늘어났으며, 부신피질의 기능을 좋게 해서 생체 내의 대사기능이 좋아졌다.

❷ 중국 중산의학원에서 융모 상피암과 악성 포상기태 환자 22명에게 부처손을 투여한 임상자료에서 완전히 나은 환자가 4명, 현저한 효과를 본 환자가 8명, 효과를 본 환자가 5명, 효과를 못 본 환자가 5명으로 전체 중 74% 이상의 환자에게 효과가 있었다. 또한 방

사선 치료의 부작용을 막는 데에 효과가 있어서 화학요법을 하거나, 방사선 치료를 할 때 부처손을 복용하면 부작용을 줄일 수 있다.

❸ 권백의 전초에는 아피제닌, 아멘토플라본, 히노게 플라본, 소데쯔 를라본, 이소크리프토메린이 함유되어 있다. 근래에 발견된 항암약 중의 하나로 효과가 입증되어 널리 사용중이다.

❹ 동의보감

성질은 따뜻하고 평하다. (약간 차다고도 한다.) 맛이 맵고 달며, 독이 없다. 여자의 음부 속이 차거나 열이 나며 아픈 것, 월경이 없으면서 임신하지 못하는 것, 월경이 통하지 않는 것 등을 치료한다. 여러 가지 헛것에 들린 것(정신분열증)을 없애며 마음을 진정시키고, 헛것에 들려 우는 것을 낫게 한다.

탈항증과 위벽증을 치료하고 몸을 따뜻하게 한다. 생것을 쓰면 어혈을 헤지고 볶아 쓰면 피를 멎게 한다.

❺ 본초강목

부처손과 여러해살이 풀인 부처손, 바위손의 지상부 맛은 맵고 성진은 평하다.

효능은 지혈, 활혈, 통경이며, 볶아서 쓰면 각종 출혈 증상을 치료하므로 토혈, 대변출혈, 자궁 출혈에 유효하다.

생것으로 쓰면 혈액순환을 활성화시켜 월경이 없을 때나, 월경통에 효력이 있다. 타박상에도 어혈과 통증을 풀어 준다고 기록되어 있다.

❻ 항암작용

부처손은 와송과 함께 대표적인 항암작용이 있다. 특히, 자궁암이나 위암, 간암, 폐암, 식도암, 뇌암, 인후암 등에 효과를 보인다.

28 브라질너트

Brazil nut

1. 특징

❶ 브라질너트는 나무의 이름이자, 열매의 이름이다.

❷ 브라질너트 나무는 높이가 지상 50m에 이르고 둘레는 직경 3m이며, '아마존의 천장' 이라는 별명이 붙는다.

❸ 500년 이상의 기간 동안 성장하며 1000년 가까이 살 수 있다.

❹ 코코넛과 아몬드와 비슷한 맛이고, 단백질과 불포화지방의 함량이 높다.

❺ 전 세계 식품 중 가장 많은 셀레늄을 함유하고 있다.

2. 생산과정

❶ 살균 — 열매를 200℃의 불에 1분간 살균한다.

❷ 냉각 — 찬물에 세척한다.

❸ 껍질깨기 — 인력으로 한 개씩 껍질을 제거한다.

❹ 건조 — 40~60℃에 30~40시간 건조시킨다.

3. 원산지

❶ 원산지는 남아메리카 북부 브라질, 베네수엘라이다.

❷ 동부 콜롬비아, 페루 등 아마존강 유역에 서식한다.

4. 영양성분

5. 효능

❶ 셀레늄은 오랫동안 독성물질로 인식되어 오다가 1957년 흰쥐의 간경화 증상을 셀레늄을 투여해 개선함으로써 중요함을 인식하는 계기가 되었다.

❷ 셀레늄(selenium, Se)은 체내의 여러 가지 작용에 필수적인 미량 무기질이며 항산화 물질이다.

❸ 세포막 손상을 일으키는 활성산소를 제거하여 신체 조직의 노화와 변성을 막아 주거

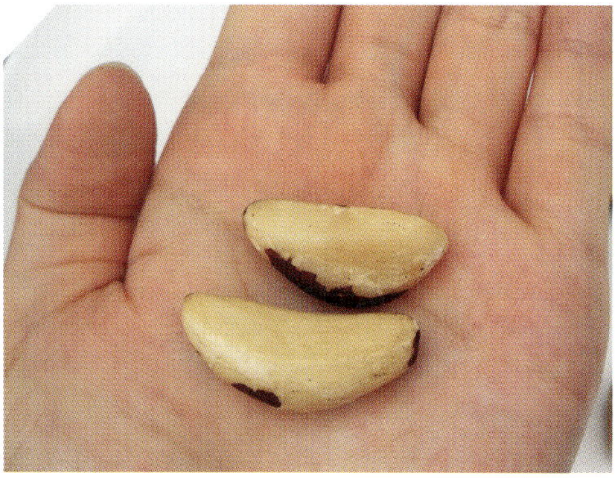

나 그 속도를 지연시킨다.

4. 셀레늄의 항산화 작용은 해독작용과 면역기능을 증진시키고 암, 간질환, 신장병, 관절염, 갑상선 질환 등을 예방하고 치료하는 데 작용한다. 단, 과다 섭취하면 탈모증, 손톱 약화 및 소실, 복통, 구토, 체취의 변화, 피로감 등이 나타날 수 있다.

29 블랙커런트

Blackcurrants

1. 특징

❶ 카시스 베리라고도 하며, 베리(Berry)계의 왕으로 불린다.

❷ 커런트라는 말은 '씨 없는 작은 건포도'를 가리키기도 한다.

❸ 열매의 크기는 직경 약 1cm 크기에 짙고 선명한 보라색을 띤다.

❹ 풍부한 향미를 지니고 있다.

❺ 보편적으로 블루베리와 아로니아 사이의 중간층으로 알려져 있다.

❻ 그 어떤 베리보다 높은 황산화 성분을 갖고 있다.

❼ 블랙커런트의 안토시아닌은 활성산소를 제거할 수 있으며, 우리 몸을 방사선 물질로부터 보호할 수 있다.

❽ 뇌와 눈 등 건강에 많은 도움을 준다.

❾ 뉴질랜드산 블랙커런트는 자외선이 강하고 기온 차이가 큰 뉴질랜드의 독특한 재배환경을 버텨내어 독자적인 품종이었다.

❿ 현재는 우리나라에서도 2~3년 전부터 재배가 이루어지고 있다.

2. 역사

12세기 이후 프랑스를 중심으로 한 서유럽 지역에서 감기, 통풍 등 여러 질병을 다스리기 위한 민간요법 치료제로 사용되었다.

18세기초 사냥을 다녀오던 루이 15세가 블랙커런트 전통주인 "Ratafia"를 마시고 난 후 좋은 평가를 내렸고, 이 일을 시작으로 프랑스에 크게 유행을 하게 되었다. 그리고 이는 블랙커런트로 만든 "creme de cassis"의 시초가 되었다.

9세기는 영국, 프랑스 등 유럽 국가들이 몇 개월씩 긴 항해를 해야만 했던 시절에 선원들의 괴혈병을 예방하는 민간약품으로 블랙커런트가 사용되었고, 이후로 북미, 호주, 뉴질랜드 등으로 널리 퍼지게 되었다.

제2차 세계대전 당시 영국과 미국 간의 교역이 차단되었을 때, 비타민 C가 풍부한 과일의 수입이 불가능해졌을 당시에 영국 정부는 자국민의 비타민 부족을 예방하기 위해 블랙커런트를 이용해 주스를 만들어 공급하기 시작했다. 이때부터 블랙커런트 주스가 널리 알려졌고 지금까지도 영국인들이 즐겨 먹는 음료가 되었다.

근대에는 뉴질랜드가 천혜의 자연환경과 일조량, 그리고 선진화된 농경기술을 바탕으로 40여 년간 블랙커런트를 재배, 생산하고 있으며 뉴질랜드 블랙커런트는 현재 세계에서 가장 우수한 블랙커런트 품종으로 손꼽히고 있다.

3. 영양성분표

A. 영양성분 비교

총 안토시아닌

NZ블랙커런트(Ben Rua종)2	517
NZ블랙커런트(Ben Ard종)2	584
스웨덴 빌베리	525
유럽 빌베리	431
캐나다 블루베리	135

비타민 C

NZ블랙커런트(Ben Rua종)2	191
NZ블랙커런트(Ben Ard종)2	175
스웨덴 빌베리	1.4
유럽 빌베리	0.7
캐나다 블루베리	5.1

ORAC 항산화 활동

NZ블랙커런트(Ben Rua종)2	95.1
NZ블랙커런트(Ben Ard종)2	121.5
스웨덴 빌베리	129.1
유럽 빌베리	102.0
캐나다 블루베리	60.0

B. 미네랄 함량 비교

NZ블랙커런트(Ben Rua종)2	280
NZ블랙커런트(Ben Ard종)2	310
스웨덴 빌베리	210
유럽 빌베리	150
캐나다 블루베리	75

칼슘

NZ블랙커런트(Ben Rua종)2	150
NZ블랙커런트(Ben Ard종)2	130
스웨덴 빌베리	80
유럽 빌베리	77
캐나다 블루베리	58

마그네슘

NZ블랙커런트(Ben Rua종)2	1.7
NZ블랙커런트(Ben Ard종)2	3.8
스웨덴 빌베리	1.3
유럽 빌베리	1.4
캐나다 블루베리	0.8

아연

NZ블랙커런트(Ben Rua종)2	2400
NZ블랙커런트(Ben Ard종)2	2800
스웨덴 빌베리	910
유럽 빌베리	990
캐나다 블루베리	910

칼륨

블랙라즈베리	687mg
블랙커런트	476mg
블루베리	386mg
크랜베리	140mg
체리	122mg
NZ블랙커런트(Ben Rua종)2	699mg
NZ블랙커런트(Ben Ard종)2	773mg

안토시아닌 함량 비교(mg/100g)
*블랙라즈베리는 시중 유통이 불가능한 품종이다.

❶ 블랙커런트의 성분분석

안토시아닌

① 짙은 보라색의 과일에 있는 안토시아닌은 강력한 항산화 성분 중 하나이다.

② 과일과 야채 전 종류를 통틀어 가장 많은 안토시아닌을 함유하고 있다.

항산화 성분

블랙커런트는 다른 과일에 비해서 높은 항산화지수를 보이고 있다. 이와 같이 높은 항산화지수가 블랙커런트를 매우 건강한 과일로 손꼽는 이유 중 하나이다.

항산화 성분은 활성산소의 활동을 억제하여 우리 몸을 보호한다. 활성산소는 여러 대사과정에서 생성되며 환경오염 등의 주변 환경 요인에 의해서도 신체에 유입되는데, 이 활성산소는 체내의 세포를 파괴하는 원인 중 하나이다. 페록실라디칼은 인체 내에서 가장 흔하게 발견되는 활성산소이며, ORMAC는 수용성 항산화 능력을 반영한다.

뉴질랜드 블랙커런트협회는 ORMAC 전문연구소에 성분 분석을 의뢰하여 다른 과일에 비해 블랙커런트의 항산화 성분 함량이 가장 높다는 정보를 얻어 발표했다.

NZ블랙커런트(Ben Rua종)2	100g
NZ블랙커런트(Ben Ard종)2	99g
크랜베리1	92.6g
자두1	62.2g
블루베리1	62.8g
블랙베리1	52.5g
그래니-스미스사과1	38.6g

비타민 C

비타민 C는 신체의 다양한 대사활동에서 꼭 필요한 필수 영양소이다.

체내에서 합성되지 않아 반드시 식품의 형태로 섭취해야 한다.

블랙커런트의 비타민 C 함량은 시중에서 구할 수 있는 그 어떤 과일 및 채소보다 높다.

블랙커런트1	160
키위1	93
오렌지1	36
크랜베리2	13
블루베리1	10
빌베리3	1

❷ 블랙커런트 vs 빌베리&블루베리

블랙커런트와 빌베리 모두 안토시아닌과 항산화 성분 함량이 높으며, 블루베리는 두 과일에 비해 낮은 함량을 갖고 있다.

빌베리는 건조분말 형태로 건강기능식품의 원료로 쓰인다.

연구에 따르면 블랙커런트의 안토시아닌 함량은 빌베리의 최고 수치와 같으며, 항산화지수나 비타민 C 함량의 경우 월등한 차이를 보이고 있다.

4. 효능

❶ 말초 혈행 개선 : 맑은 혈액, 시린 손발, 다크서클, 피로회복

❷ 눈 건강 : 시력 개선, 녹내장, 백내장, 안구건조

❸ 뇌 건강 : 치매, 알츠하이머병, 파킨슨씨병

❹ 메타볼릭 신드롬 : 항당뇨, 항비만, 항고혈압

❺ 면역력 증강

❻ 갱년기 및 생리관련 여성 건강

> **Tip** 메타볼릭 신드롬(metabolic syndrome) : 현대인들이 걸리는 병으로 성인병의 원인이다.

5. 부작용

블랙커런트의 부작용은 아직까지 보고된 바가 없으나, 몇몇 사람들에게서 설사, 변비, 가스, 트림의 작용이 있다고 한다.

6. 사용 용도

❶ 와인 – 전통적으로 유럽에서 만들어온 블랙커런트로 주로 쓰여왔다.
❷ 주스 – 제2차 세계대전에서부터 널리 알려져 현재까지 사랑 받고 있다.
❸ 소스 – 특유의 맛과 향미가 육류와 잘 어우러져 많이 사용되고 있다.
❹ 디저트 – 본연의 단맛으로 젤리, 초콜릿 등으로 만들어지고 있다.
❺ 제빵 – 여타의 과일들보다 단맛과 상큼함이 강해 머핀에 첨가되어 만들어지고 있다.

7. 보관방법 및 구매방법

❶ 블랙 커런트는 냉동보관하면 오랫동안 보관할 수 있다.
❷ 인터넷 사이트, 대형 마트에서도 쉽게 구할 수 있으며, 요즘에는 묘목까지 판매가 가능하여, 재배도 해볼 수 있다.

30 비타민나무

Sea buckthorn

1. 특징

❶ 보리수나무과에 속하며, 다른 말로 '산자나무'라고 한다.

❷ 북아시아와 유럽이 원산지이며, 반 사막지역의 양지에서 자란다.

❸ 건조에 강하고, 내염성이 좋아 해안지역에도 생육이 좋다.

❹ 크기는 5~10m이며, 4~5월에 개화를 하고, 8~9월에 결실을 맺는다.

❺ 유럽과 몽골, 티베트, 중국의 극한 지역에서 자생하며, 중국에서는 구보로 취급되는 귀한 과일이다.

2. 역사

❶ 비타민 열매는 칭기즈칸이 자양강장제로 먹었다고 전해진다.

❷ 빙하시대가 끝난 뒤 스칸디나비아 반도에 정착한 최초의 식물 중 하나이다.

❸ 추위에 강하며, 모래투성이 산지나 해안 지방 외에도 극단적인 기후에서도 잘 자란다.

3. 영양성분표

야생 비타민나무 열매의 비타민 C 함량

비타민나무	200~1500mg
다래	120~400mg
산사나무	39mg
감귤	34mg
파일애플	24mg
블루베리	13mg
감귤	11mg
바나나	6mg
복숭아	6mg
사과	5mg
배	4mg

비타민나무 영양성분					
영양성분	열량	55.84kcal	필수아미노산	이소로이신	21.24mg
	탄수화물	11.51g		로이신	32.07mg
	단백질	1.01g		라이신	31.38mg
	지방	0.64g		메타오닌	6.07mg
	섬유질	0.08g		페닐알라닌	31.85mg
비타민	베타카로틴	1.06mg		트레오닌	23.22mg
	B_1	0.44mg		발린	26.71mg
	B_2	0.07mg	미네랄	나트륨(Na)	26.01mg
	B_6	0.71mg		구리(Cu)	0.09mg
	C	121.57mg		아연(Zn)	0.26mg
	D	2.83㎍		철(Fe)	4.09mg
	E	2.27mg		마그네슘(Mg)	10.00mg
	엽산	38.56㎍		칼슘(Ca)	32.21mg
	니아신	24.66mg	지방간	리놀렌산(오메가3)	39.34mg
아미노산	히스티딘	13.15mg		리놀렌산(오메가6)	119.92mg
	글리신	24.20mg		팔미트레익산(오메가7)	220.11mg
	아르기닌	60.33mg		올레인산(오메가9)	112.49mg
	알라닌	12.59mg		팔미트산	239.64mg
	티로신	1093mg	기타	설렌	7.73㎍
	세린	28.34mg		수용성 식이섬유	6.18mg
	글루타민	66.50mg		사포닌	259mf
	아스파리긴	205.4mg		총 플라보노이드	44.23mg
	프롤린	51.46mg			

4. 효능

❶ 파인애플향의 비타민나무 기름

비타민나무의 기름은 인체에 이로운 물질로써 생물 활성 물질이 풍부하다. 식용뿐만 아니라 질병치료와 보건의 역할도 한다. 인체의 면역기능을 높이고 피부질환, 호흡기 질환, 소화기계통 질환에 사용되며, 칼에 베이거나, 화상, 염증치료에 효과가 뛰어나다. 구 소련에서는 동상을 입은 병사들의 치료제로 사용되었다.

1992년 미국 과학기술 10대 뉴스에 따르면, 호몽복소(비타민)와 비타민 E가 알맞게 조합되면 강력한 '암' 의 예방과 치료 역할을 해주므로 암 치료의 최상의 선택이라 할 수 있다.

❷ 일본에서 발표된 연구결과는 비타민나무 기름에 함유되어 있는 비타민 C와 E가 아질산염의 인체 내 합성을 억제하고 항암 역할을 하는 것으로 보여지고 있다.

중국의학과학원의 연구에 따르면 비타민나무 기름은 TPA가 일으키는 세포암의 억제효과와 좋은 항산화제로 암 발생을 억제, 치료제로 사용된다고 보고되고 있다.

러시아에서는 비타민나무 기름이 심근의 확장 개선 및 심근경색의 면적을 줄여주는 역할을 한다고 보고되었다. 또한 비타민 E가 HDL의 농도를 증가시켜 혈중 지방농도를 낮추고 동시에 위와 십이지장의 세포와 혈관의 저항력을 조절한다고 보고되고 있다.

❸ 어린이 생장을 촉진하는 활성 물질

비타민나무를 이용하여 생산되는 음료수는 맛이 좋아 남녀노소가 좋아하고, 어린이의 생장발육을 촉진한다.

비타민나무 음료수를 즐겨 마시는 어린이는 신장 성장률이 먹지 않은 어린이보다 높게 나타났다. 허약한 어린이가 복용할 경우 현저한 효과(69.66%)를 나타냈다.

비타민나무 음료는 식용촉진 및 정신을 맑게 하며, 어린이 발육에도 우수한 효과를 나타낸다.

베타인(Betaine)을 이용하여 궤양 치료, 간장 질병 예방, 혈액 중 어혈의 함량 감소, 혈액응고 효소의 합성을 보장해 주는 역할을 한다.

❹ 신진대사를 촉진

비타민나무 열매 속에 함유되어 있는 비타민 E는 혈액순환을 원활하게 하여 신진대사를 촉진시켜주는 효능이 있다.

❺ 피부미용과 노화방지

비타민나무 열매에는 여러 종류의 비타민을 다량으로 포함하고 있어 여성들의 최대 관심사인 피부미용과 노화 방지에 좋다.

❻ 다이어트 보조제로 복용

비타민나무의 여러 성분은 몸 속의 지방을 태우는 성분도 다량 포함하고 있기 때문에 다이어트 보조제로 좋다. 현재까지 알려진 부작용은 없다.

5. 섭취방법

❶ 독특한 감귤 맛이 나며, 패션 프루트와 비슷한 상큼한 향이 난다.

❷ 비타민나무는 한의학 재료와 화장품 원료로 사용된다.

❸ 열매는 디저트, 잼, 소스, 음료로 사용되며, 건조시켜 분말로 사용된다.

❹ 잎은 깨끗이 씻어 말린다.

❺ 열매도 깨끗이 씻어 물기를 제거한 뒤 냉동보관한다.

❻ 효소를 만들어 보관해도 되고, 밀봉하여 서늘한 곳에 보관한다.

31 비파

枇杷

1. 특징

❶ 영어명은 Eriobotrya japonica이고, 과수 및 관상수로 재배한다.

❷ 한국, 중국, 일본 등지에 분포하며, 잎의 생김새가 비파를 닮아서 붙은 이름이다.

❸ 꽃은 가을에서 초겨울에 피고, 과일은 늦은 겨울부터 봄까지 열린다.

❹ 따뜻한 남쪽지방 일부에서만 자란다.

❺ 잘 익은 과일은 노란색이며 껍질에 솜털이 난다.

❻ 과육은 노란색, 주황색이고, 맛은 복숭아, 감귤, 망고가 섞인 맛이다.

2. 역사

❶ 중국의 야생에서 처음 발견되었으며, 일본에 도입되어 1000년 동안 재배되었다.

❷ 아프가니스탄, 호주, 버뮤다, 칠레, 케냐, 인도, 이라크, 남아공화국에 도입되었다.
❸ 고대 중국 문헌에서 언급되었다.

3. 영양성분표

100g당 영양값(3.5온스)		
에너지	197kj의 (47kcal)	
탄수화물	12.14G	
식이섬유	1.7G	
지방	0.2G	
단백질	0.43G	
비타민		
달량 비타민	76㎍의	(10%)
티아민(B_1)	0.019mg의	(2%)
리보플라빈(B_2)	0.024mg의	(2%)
니아신(B_3)	0.18mg의	(1%)
비타민 (B_6)	0.1mg의	(8%)
엽산(B_9)	14㎍의	(4%)
비타민 C	1mg	(1%)
미량 금속		
칼슘	16mg의	(2%)
철	0.28mg의	(2%)
마그네슘	13mg의	(4%)
망간	0.148mg의	(7%)
인	27mg의	(4%)
칼륨	266mg의	(6%)
나트륨	1mg의	(0%)
아연	0.05mg의	(1%)

4. 효능

❶ 비파나무 잎의 플라보노이드 성분이 손상된 위 점막을 보호해서 염증을 회복한다.
❷ 아미그달린은 암세포를 파괴하여 위암에 큰 효과를 낸다.
❸ 비파잎을 따뜻하게 데워 위암 치료 및 예방용으로 복부 위에 얹고 찜질을 한다.
❹ 기침, 가래, 인후염 또는 구토 시 효과가 있다.

5. 부작용

비파나무의 경우 큰 부작용은 없다.

6. 섭취방법 및 손질방법

❶ 열매를 생으로 먹거나 통조림으로 섭취한다.

❷ 비파효소를 만들어 장을 만든다.

❸ 씨앗을 간기능 보호제로 한방에서 약재로 사용한다.

❹ 과일주를 만들어 먹는다.

❺ 비파잎을 치댄 후에 솜털을 제거하고 말려 잎사귀를 잘게 썰어 물에 끓이면 비파잎 차로 먹는다. 비파잎을 갈아서 수제비 반죽에 넣어 먹는다.

❻ 비파잎을 썰어 배춧잎과 함께 겉절이를 해먹기도 한다.

❼ 수육을 삶을 때 잡내 제거를 위해 비파잎을 넣기도 한다.

❽ 비파나무 잎은 깨끗이 씻어 1cm 크기로 썰어 사용한다.

❾ 비파나무 열매는 깨끗이 씻어 반으로 갈라 씨까지 모두 사용하는 것이 좋다.

7. 보관방법 및 구매방법

❶ 열매는 냉장보관하면 길게는 1개월 정도 보관가능하다.

❷ 잎은 말려 밀봉하여 서늘한 곳에 보관하는 것이 좋다.

32 삼채

三菜

1. 주목받는 이유

❶ 예로부터 삼채는 히말라야 고산지대 원주민들이 약재로 사용했다는 전설이 있으며, 약뿐만 아니라 겨울 체온 유지에 필요한 상비제품으로 이용되었다는 설이 전해지고 있다.

❷ 또한 외부에서 귀한 손님이 방문하면 삼채차에 단맛을 함유한 약초(감초)를 적당량 희석하여 접대를 하였다는 설도 유래되고 있으며 현재도 그 전통은 계속되어지고 있다.

❸ 삼채 뿌리는 사인펜 심지만큼 두꺼운 줄기를 가지고 있으며 번식력이 강한 것이 특징이다. 삼채는 인체에 꼭 필요한 성분인 식이유황이 마늘보다 6배 더 많이 함유된 식이유황 대표 식품이다.

❹ 삼채의 생명력은 영하 20도의 추위에도 죽지 않고 동면을 하여 이른 봄에 솜사탕 같은 새싹을 보일 정도로 강한 생명력을 가지고 있다.

2. 특징

❶ 백합과 파속의 여러해살이 풀에 속한다.

❷ 원산지는 미얀마, 부탄 등 히말라야 산맥 기슭이다.

❸ 다른 이름으로는 관엽구, 대야구채, 대엽구, 관엽야총, 육근총 삼채, 알리움후커리, 미얀마 부추, 뿌리부추라고 불린다.

3. 삼채의 주요 성분 및 인체에 미치는 영향

❶ 질소(1.81%): 항산화 및 혈관 질환에 기여한다.

❷ 칼륨(1.71%): 나트륨 배설 촉진 및 고혈압 조절에 좋다.

❸ 철분(125mg/kg): 혈액 생성 및 빈혈을 예방한다.

❹ 망간(11.8mg/kg): 연골 재생 및 피로회복에 좋다.

❺ 아연(13.6mg/kg): 후각, 미각 기능 및 성장에 도움을 준다.

4. 영양성분표

100g당 영양소

성분	대파	양파	쪽파
에너지(kcal)	29	36	27
수분(g)	91.4	90.1	90.3
식이섬유(g)	1.7	1.2	3
칼슘(mg)	25	16	96
인(mg)	26	30	24
철(mg)	1	0.4	1.1
나트륨(mg)	17	2	2
칼륨(mg)	239	144	226
비타민C(mg)	11	8	18

삼채 영양성분 100g당

성분	함량(%)	성분	함량(mg)
수분	83.6	칼슘	232.7
탄수화물	13.8	칼륨	1.707
식이섬유	3.59	철	47
단백질	1.4	망간	10.4
회분	0.9	나트륨	13.5
지방	0.3	아연	7.3
		인	226.6

5. 효능

❶ 모양은 흰색의 뿌리이다. 주로 강이나 개울가의 모래밭에서 자생한다.

❷ 초기 우기에 많이 수확하고 모래땅에서 자생한다.

❸ 요리해서 먹을 수 있고, 계절 음식이다.

❹ 맛은 맵고 쓰고 달다. 먹으면 몸의 열을 내려 준다.

❺ 침과 정액을 더 생성시키며, 남근을 강하게 해준다.
❻ 조루증, 몽정, 발기부전과 같은 질병에 치료한다.

6. 보관방법

고온다습한 곳을 피하여 개봉 후, 흙이 묻어 있는 상태에서 습기 없이 신문지 등에 밀봉하여 김치냉장고 또는 건냉한 곳에 보관한다.

7. 부작용

❶ 몸에 열이 많은 소양인은 너무 많이 먹지 않는 것이 좋다. 특히 얼굴에 열이 달아오르고 피부염이 자주 발생하는 소양인 체질의 사람이나 식욕이 왕성하고 근육이 단단한 태음인 체질의 사람은 주의해야 한다.
❷ 먹을 때 즙을 내서 먹으면 많은 영양성분이 간기능에 부담을 줄 수 있다. 또한 칼륨 수치가 지나치게 높아서 신장기능에도 좋지 않고 부정맥을 유발할 수 있다.
❸ 위장이 약하고, 알레르기 체질인 사람은 설사를 하기도 한다.

33 셀러리악

Celeriac

1. 특징

❶ 야생 셀러리의 변종인 셀러리악은 지중해 지역에서 재배되었으며 오늘날은 프랑스, 독일, 벨기에, 네덜란드가 주요 생산국이다.

❷ 뿌리셀러리 또는 셀러리아크라고도 한다.

❸ 미나리과에 속하는 채소의 하나로 셀러리의 변종이다.

❹ 샐러리악은 생식에는 적합하지 않고 주로 수프, 스튜, 퓨레, 샐러드로 사용한다.

2. 영양성분표

성분	중량	성분	중량	성분	중량
물	88g	리보플라빈	0.06mg	철	0.7mg
탄수화물	9.2g	니아신	0.7mg	마그네슘	20mg
설탕	1.6g	판토텐산	0.352mg	망간	0.158mg
식이섬유	1.8g	비타민 B	0.165mg	인	115mg
지방	0.3g	비타민 C	8mg	칼륨	300mg
단백질	1.5g	비타민 K	41μg	나트륨	100mg
티아민	0.05mg	칼슘	43mg	아연	0.33mg
				칼로리	42

(100g 기준)

3. 특성

❶ 칼로리가 매우 낮다. 그와 동시에 식물 영양소, 미네랄, 비타민 등을 많이 가지고 있다.

❷ 셀러리악에서 비타민 K 함량이 많아 혈액응고, 뼈에 도움이 된다(일일권장섭취량의 34%).

4. 섭취방법

❶ 셀러리악을 퓨레(puree)로 만들어서 섭취한다.

❷ 셀러리악을 수프(soup)로 만들어서 섭취한다.

❸ 셀러리악을 샐러드(salad)로 섭취한다.

❹ 셀러리악을 매쉬(mash)해서 섭취한다.

5. 보관방법

❶ 보관 시 냉장보관을 하고 장기간 보관 시에는 냉동보관을 추천한다.

❷ 셀러리악의 껍질을 제거 후에는 식초물에 담가서 보관한다.

❸ 신문지에 셀러리악을 싸서 보관한다.

❹ 보관을 할 때에는 보관기간을 줄이고 최대한 빨리 섭취한다.

34 슈퍼도라지

1. 특징

❶ 으뜸도라지라고도 한다.

❷ 뿌리가 하나뿐인 도라지 2포기로 만든다.

❸ 60cm의 비닐포대에 정석 후 2년이 지나면 수확 가능하다. 이때 10일 간격으로 점적관수를 통해 물을 준다.

❹ 3년생의 경우 50cm의 길이이다.

❹ 일반 도라지에 비해 5~10배 월등히 크다.

❻ 사포닌 성분이 높아 약용으로 효과가 탁월하다.

❼ 크기가 커 수확량이 많아 슈퍼(으뜸도라지)라 한다.

2. 재배

❶ 비닐포대 재배로 일반 토양재배보다 배수가 잘된다.

❷ 토양선충 등 병해충에 강하다.

❸ 노지 재배보다 7~8%의 성장속도가 빠르다.

❹ 2포기의 도라지를 심는 것은 한 포기가 병해, 충해로 인해 죽게 된다.

3. 영양성분표

성분	열량	수분	탄수화물	단백질	지방	섬유질	비타민 B_2	비타민 C
함량	83kcal	85g	19.6g	1.7g	0.4g	4g	0.13mg	12mg

4. 효능

❶ 사포닌 성분은 6년근 인삼의 3배(인삼 5.2g, 슈퍼도라지 약 15g)
❷ 생약으로 사용한다.
❸ 거담, 진해, 진통, 해열작용을 한다.
❹ 소염진통으로 사용한다.
❺ 용열작용이 뛰어나 기관지 분비를 향상시켜 가래를 삭힌다.

5. 부작용

소화가 잘 안 되시는 분이 대량 섭취하게 되면 소화기능이 떨어질 수도 있다.

6. 보관방법 및 손질방법

❶ 껍질을 벗기지 않은 채 신문지에 싸서 서늘하고 바람이 잘 통하는 곳에 보관한다.
❷ 도라지의 잔뿌리를 떼고 칼로 긁어서 껍질을 벗긴 뒤 물에 깨끗이 헹구어 낸다. 껍질 벗긴 도라지는 잘게 찢어서 소금을 뿌리고 주물러 쓴맛을 뺀 뒤 물에 담가 놓는다.

7. 섭취방법 및 구매방법

기본반찬으로는 무침이나 나물, 분말가루, 차, 즙, 환 등 다양하게 섭취할 수 있다.

35 아가리쿠스 버섯

Agaricus blazei murill

1. 특징

❶ 1944년 미국 플로리다주에서 처음 발견된 뒤, 1960년대 중반 브라질의 산악지대인 '피아다테' 원주민들이 미국의 레이건 전 대통령이 대장암에 걸려 수술도 하고 항암 치료를 하는 도중 아가리쿠스 버섯을 섭취하고 회복됐다는 뉴스가 보도된 이후 널리 알려졌다.

❷ 단백질, 지방, 섬유질, 비타민, 무기염류, 아미노산, 필수지방산, 핵산 등 각종 영양소가 풍부하고, 암을 비롯한 각종 성인병에 좋다는 사실이 알려지면서 인공재배연구를 시작했다. 그 결과 1965년 일본에서 아가리쿠스 버섯이 도입되었으며 1978년 농촌진흥청 연구진이 일본으로부터 아가리쿠스 버섯 종균을 들여와 대량 재배법을 확립하였다.

❸ 생김새는 양송이와 비슷하지만, 자루가 양송이보다 두껍고 길다.

❹ 자루의 높이는 5~10cm, 갓의 크기는 6~12cm이다.

❺ 갓의 겉부분은 발생 조건에 따라 흰색, 갈색 또는 옅은 갈색을 띠지만 자루는 희다.

❻ 마른 오징어나 멸치 냄새 같은 구수한 향이 나고 씹으면 단맛이 난다.

❼ 우리말로는 '신령버섯', '흰들버섯'으로 보건복지부로부터 식품 사용 허가를 받았다. (1996년 7월)

❽ 브라질의 '피아다테'라고 하는 산간 지역에서 자생하였는데 이 지방은 야생마들의 서식지로 마분(말똥)이 비료가 되어 만들어진 토양이 아가리쿠스 버섯을 자랄 수 있게 하였다 (정기적으로 소나기가 내리는 열대

지방, 고온다습). 환경의 변화로 인해 자연생산은 거의 되지 않는다.

❾ 일본에서 아가리쿠스 버섯에 대한 연구가 활발하게 이루어지고 있으며, 원산지인 브라질보다 일본에서 더욱 유명하다.

2. 영양성분표

	일본산	한국산
당질	41.56%	5.40%
칼륨	65.49%	45.77%
인산염	12.70%	27.78%
규소	12.25%	–
염화물	4.26%	8.16%
마그네슘	2.67%	–
조지방	3.73%	6.57%
불포화지방산	70.50%	80.70%

3. 효능

❶ 강력한 항암효과 및 항종양효과: 항종양 활성성분 3종, 지방산 12종 외에도 비타민 B_1, B_2, D_2, 니아신, 베타글루칸을 비롯하여 여러 종류의 단백질 복합체들이 들어 있다.

❷ 혈압강하작용(고혈압에 좋음)

❸ 각종 염증에 탁월한 면역기능 약화 억제효과

❹ 바이러스 침입억제 효과가 높아 고혈압과 각종 암에 대한 효과가 있다.

❺ 리놀산 성분으로 인한 콜레스테롤 저하

❻ 동맥경화 예방효과가 있다.

4. 부작용

아가리쿠스 버섯의 부작용은 거의 없지만, 재배가 몹시 까다롭고 자연상태로 채취하면 바로 썩기 때문에 동결 건조하여 보관하고 유통해야 한다. (자연상태로 채취하면 이틀이면 신선도를 잃는 예민한 버섯)

5. 섭취방법

❶ 동결 건조한 아가리쿠스 버섯을 생으로 섭취한다.
❷ 아가리쿠스 버섯차로 섭취한다.
❸ 양송이과의 버섯으로 비슷하게 활용하여 다양한 요리로 섭취 가능하다.
❹ 재배농장에 직접 방문해야만 생으로 맛 볼 수 있다.

36 아가베

龍舌蘭

1. 특징

❶ 아스파라거스과 용설란아과에 속하는 여러해살이 풀이다.

❷ 용의 혀 모양을 닮았다고 해서 용설란이라고도 불린다.

❸ 얼룩 용설란, 푸른 용설란, 대만 용설란 등을 통틀어 칭한다.

❹ 멕시코의 원산지로 열대, 아열대에서 자란다.

❺ 약 300종 중 대부분이 미국 남부 및 멕시코에 많다.

❻ 꽃이 백 년에 한 번 핀다고 하여 세기식물(Century plant)이라고도 한다.

❼ 10년 이상 개화가능하며, 아열대지방은 20년 이상 개화가능하다. 우리나라는 40년에 개화한다. 개화 후에는 죽는다.

❽ 높이는 1~2m, 20~30개의 잎이 성장한다. 10년 이상 성장 시 10m 정도의 꽃줄기가 성장한다. 잎은 바소꼴로 두껍고 청백색이다. 끝과 잎 가장자리에는 날카로운 가시가 있다.

2. 영양성분표

항목	열량	탄수화물	단백질	지방	당류	나트륨
날것	68	16.23	0.52	0.15	2.58	14
조리 후	135	32	0.99	0.29	20.87	13
건조	341	81.98	1.71	0.69	50.7	14

3. 재배

대부분 관상식물로 취급한다. 대형 종은 정원 및 울타리에서 재배하며 소형 종은 화분에서 재배한다.

4. 효능

❶ 아가베 추출물인 프록탄이 골다공증 예방 및 칼슘 흡수에 도움을 준다.

❷ 당뇨, 비만, 면역체계 자극, 변비 등에 도움을 줄 수 있다.

❸ 소염 및 지혈, 항균효과가 있다.

❹ 간염 치료 효과가 있다.

5. 부작용

❶ 아가베 자체에서는 부작용이 아직 보고된 바 없고, 아가베를 이용한 아가베 시럽에서 부작용이 있어 논란이 되고 있다.

❷ 아가베 시럽은 설탕 대비 낮은 칼로리에 감미성까지 뛰어나 매우 활용도가 높다.

❸ 하지만 아가베 시럽의 제조과정에서 논란의 여지가 있고 주요 성분인 과당의 과잉섭취로 인한 부작용 문제가 있어 지켜볼 필요가 있다.

6. 섭취방법

❶ 잎 가장자리에 있는 가시로 울타리로 만들기도 한다.

❷ 잎에서 섬유를 채취하며, 꽃줄기에서 수액을 받아 풀케, 메스칼이라는 주류를 만든다.

❸ 데킬라를 아가베로 만든다. 메스칼은 멕시코에서 생산하는데, 할리스코, 과나후라토에서 만든 것이 데킬라이다.

Tip 아가베 시럽과 데킬라의 차이

8년에서 10년 동안 자란 아가베의 잎을 잘라내고 심만 남긴다.
관리한 심 안에는 즙이 들어 있다. 멕시코에서 전통적으로 마셔온 이것은 꿀처럼 달콤한 물이라고 해서 'Aguamiel(Agua = 물, miel = 꿀)'이라고 불렀다.
데킬라는 이것을 구워낸 다음 즙을 짜서 발효시키지만, 시럽은 그대로 즙을 짜내어 걸러낸 다음 열을 가해서 처리한 후 담는 것이다.
거르는 과정과 열을 가하는 과정의 차이가 아가베 시럽의 색과 맛, 당도를 결정한다.
거를 때 사용하는 필터가 세밀할수록 시럽이 맑아지고 향과 맛이 단조로워지고, 열을 가할수록 탄수화물이 당분으로 분해되어 당도와 점성이 높아진다.

❹ 아가베의 잎을 뜯어 가시와 겉껍질을 제거한 후 말려 10g씩 달여 마신다.

❺ 과거 큰 봉오리는 구워먹기도 하였다.

❻ 당분이 많아 수액은 꿀과 약품으로 사용하고 또한 시럽으로도 생산한다.

37 아로니아

Aronia

1. 특징

❶ 중세시대 유럽 귀족의 열매(Polish paradox)로 불리었다. 아로니아의 다른 명칭으로는 초크베리, 킹스베리가 있다.

❷ 원산지는 북아메리카 동부와 북유럽이다. 아로니아는 악조건에서도 잘 자란다(체르노빌 원전폭발 현장에서도 자랐음). 자연계 최고의 항산화 물질(C3G)을 100% 함유하고 있다.

2. 보관방법

❶ 햇빛에 말려 건과를 보관하는 방법이 있다.

❷ 냉장보관(3일 이상 보관 시 지퍼백 등으로 밀봉한 후 보관한다.)

❸ 냉동보관(냉동보관 시 약 1년간 보관 가능하다.)

❹ 생과농축 보관하는 방법이 있다. (다양한 방법으로 농축가능하고 장기간 보관가능)

3. 영양성분표

영양성분			
열량	55kcal	α-카로틴	7.5㎍
수분	84.4g	β-카로틴	771㎍
단백질	0.79g	크립토잔틴	463㎍
지질	0.1g	비타민 E	1.5mg
탄수화물	14.4g	비타민 K	24㎍
회분	0.4g	비타민 B_1	0.02mg
나트륨	3mg	비타민 B_2	0.02mg
칼륨	218mg	니아신	0.3mg
칼슘	32mg	비타민 B_6	0.03mg
마그네슘	16mg	엽산	0.3㎍
인	20mg	판토테인산	0.28mg
철분	0.9mg	비타민 C	14mg
아연	0.1mg	폴리페놀	748mg
동	0.04mg	구연산	02.g
말간	0.18mg	사과산	0.3g
수용성 식물섬유	0.9g		
불용성 식물섬유	4.7g		
식물섬유 총량	5.6g		

4. 효능

❶ 혈관을 튼튼하게 하고, 혈액 내 노폐물과 독소를 제거(항산화 물질)한다.

❷ 생리통, 생리불순, 자궁근종 등 여성 질환에 효과적이다.

❸ 뇌졸중, 뇌경색, 협심증, 심근경색 등 혈관 질환을 예방한다.

❹ 시력 저하, 노화방지, 혈관계 질환 개선한다.

❺ 아로니아의 항산화 수치를 비교해 보면 아로니아는 16.062, 크랜베리는 9.090, 포도 1.837, 오렌지 1.627, 키위 0.862로 블루베리의 3배, 포도의 8배, 키위의 18배이다.

Tip 아사이 베리란?

아사이 베리는 브라질 열대우림 지역의 야자나무에서 나는 열매로, 효능은 아로니아와 비슷한 것으로 알려져 있고, 아로니아보다 맛이 좋아 요즘 떠오르고 있는 베리 중 하나이다. 아사이 베리의 부작용으로는 과다 섭취하면 위에 부담을 주어 위쓰림, 설사, 신물이 올라오는 증상이 나타날 수 있으며 콜레스테롤 수치를 증가시킨다. 또한 가동되어 판매되는 제품의 경우 카페인이 함유되어 있으므로 카페인에 거부감이 있는 사람들은 생과를 찾는 것이 좋다.

5. 부작용

아로니아는 소화액의 활동을 촉진하고 위산을 증가시켜 위궤양이나 십이지장궤양 환자나 위산과다인 사람들이 한꺼번에 많이 먹을 경우 병을 더 악화시키게 된다. 때문에 아로니아를 섭취할 때 너무 진하게 먹어서는 안 되고, 희석시켜 섭취하는 것이 좋다.

38 아마란스

Amaranth

1. 특징

❶ 학명은 Amaranthus이고, 쌍떡잎 속씨식물 중심자목이다.

❷ 아마란스의 생육기간은 110~120일이고, 주로 5월에 파종을 하여 8월에 수확한다.

❸ 남미 안데스 고산지대에서 약 5000년 재배되어 오던 곡물이다.

❹ 영원한 꽃, 시들지 않는 꽃이라는 뜻이며, 신이 내린 작물이라고 불린다.

❺ 피그위드(pigweed), 러브-라이스-블리딩(love-lies- bleeding), 조셉스 코트(Joseph's coat)라고도 불린다.

❻ 잡초이자 염료이며 관상용으로 쓰이기도 하고 야채나 시리얼로 먹기도 한다.

❼ 종은 50가지가 넘으며, 어떤 종은 사람 키보다 크다고 한다.

❽ 난대에서 열대지역에 분포하며, 이름에 담긴 의미처럼 척박한 땅에서도 잘 자라며, 강원도 영선과 평창에서 첫 재배를 시작했다.

❾ 조만큼이나 알이 작아서 탈곡기를 쓸 수가 없고 일일이 손으로 털어서 씨를 거둔다.

❿ 아마란스의 색깔이 두 개인 이유는 낱알이 워낙 작기에 기계로 크기나 색깔 분류가 안 된다. 때문에 품종은 2개이지만 색깔을 분류하여 팔지는 않는다.

2. 효능

❶ 당뇨와 혈압 저하 효과

혈중 콜레스테롤 함량을 낮춘다는 연구 결과가 있다. 잎을 말려 꾸준히 차를 마시면 혈압을 내려줘 고혈압 환자에게 도움이 된다.

❷ 면역력 강화 효과

아마란스에는 스쿠알렌 성분이 풍부한데, 이 스쿠알렌은 상어 간에서 추출한 간유와 같은 물질에서만 확인되는 강력한 항산화 물질이다.

❸ 장 건강에 효과적

장이 약해 장염에 걸리거나 설사병에 자주 걸리는 사람이 아마란스차를 꾸준히 마시면 큰 도움이 된다. 차를 너무 차갑지 않게 하루에 두 잔씩 꾸준히 마시면 설사병과 장염은 물론 피부병, 치아염, 인후염 등에도 특효가 있다.

❹ 다이어트

식물성 단백질이 콩보다 많이 포함되어 있어 굳이 육식을 하지 않고도 단백질 섭취가 충분히 가능할 정도여서 다이어트 식품으로 각광받고 있다.

❺ 고단백 식품

다른 곡물(오트밀, 보리, 밀, 옥수수, 쌀 등)에 비해 월등히 높은 수치의 단백질로 이루어져 있다. 특히 여느 곡물에서 찾아보기 힘든 라이신이라는 아미노산이 가득하다.

3. 영양성분표

성분	단위	함량(100g당)
열량	kcal	371
수분	g	11.29
단백질	g	13.56
지방	g	7.02
탄수화물	g	65.25
총식이섬유	g	6.7
당류	g	1.69
회분	g	2.88
칼슘	mg	159
인	mg	557
철	mg	7.61
나트륨	mg	4
칼륨	mg	508
마그네슘	mg	248
망간	mg	3.33
아연	mg	2.87
구리	mg	0.53
셀레늄	㎍	18.7
비타민A	RE	0
레티놀(IU)	IU	2
레티놀	mg	0

티아민	mg	0.12
리보플라빈	mg	0.2
니아신	mg	0.92
비타민C	mg	4.2
비타민B6	mg	0.59
판토텐산	mg	1.46

4. 단백질 함량 비교 분석표(%)

작물	아마란스	퀴노아	라이	오트밀	밀	옥수수	쌀	보리
단백질 함량	17	15	13	12.5	10.3	10.1	7	10.3

5. 보관방법

씨와 가루를 보관할 때는 밀폐 용기에 담아서 냉장보관해야 한다.

6. 섭취방법

❶ 씨가 너무 작기 때문에 촘촘한 체를 이용하여 씻는다.

❷ 토마토 주스처럼 맛이 강한 액체에 넣어서 익히면 좋다고 한다.

❸ 아마란스 가루는 특별한 맛이 없고 식히면 점성이 생기기 때문에 잼을 만들 때 활용하면 좋다.

Tip 아마란스 씨를 먹는 이유?

1) 아마란스 씨앗은 섬유질, 철분, 마그네슘, 엽산, 식물성 스쿠알렌, 칼슘 등이 풍부하고, 유기농으로 키웠기 때문에 안심하고 먹을 수 있다.
2) 밀가루와 1:1로 섞어 빵을 만들어 먹기도 한다.
3) 잎은 시금치처럼 데쳐서 먹거나 살짝 볶아 먹으면 된다.
4) 마른 팬에 깨처럼 볶아서 생선이나 고기 요리를 할 때 빵가루 대신 쓰거나 샐러드나 수프에 얹어 먹어도 된다.

39 아이스 플랜트

Crispy ice plant

1. 특징

❶ 원산지는 남아프리카의 나미브 사막이며 주로 아프리카 남부, 동서부, 북부, 오스트레일리아, 미국 등지에 서식한다.

❷ 표면에 투명한 결정체(블러더 세포)를 가지고 있다.

❸ 발아율이 낮고, 성장속도가 느리다(약 90일).

❹ 재배가 쉽지 않다(일본에서 재배를 하기 위해 10년 동안 연구하여 성공함).

2. 영양성분표

[100g 기준]

성분	함량	성분	함량
열량	12.5kcal	폴리페놀	50.9mg
칼슘	11.43mg	아연	0.22mg
칼륨	317.94mg	레티놀	77μg
단백질	1600mg	판토텐산	0.09mg
탄수화물	2500mg	비타민C	1.84mg
마그네슘	14.04mg	비타민K	140.42μg
지질	100mg	β-카로틴	1090μg
나트륨	369.21mg	이노시톨	71.6mg
철	0.54mg	식이섬유	2400mg

3. 특성

❶ 나트륨-칼륨 펌프 작용으로 인해 몸 안에 있는 나트륨이 몸 밖으로 배출이 된다.

❷ 아이스 플랜트는 짠맛을 가지고 있으므로 소금 대신 사용가능하다.

❸ 베타카로틴으로 항산화 작용을 얻는다.

4. 섭취방법

❶ 샐러드로서 생으로 섭취 가능하다.

❷ 소금 대신에 아이스 플랜트를 다져서 조리 가능하다.

❸ 다른 과일 또는 야채와 함께 주스로 섭취한다.

5. 보관방법

❶ 냉장보관한다. (냉장보관 시 15~20일 섭취 가능)

❷ 냉동고보다는 냉장고를 권장한다.

❸ 장시간 보관보다는 단시간에 섭취를 권장한다.

40 아티초크

Artichoke

1. 특징

❶ 쌍떡잎식물 초롱꽃목 국화과의 여러해살이 풀이다.

❷ 지중해 연안이 원산지이며, 바닷가 근처에서 자란다.

❸ 줄기는 높이가 1.5~2m이고, 엉겅퀴와 비슷하게 생겼다.

❹ 꽃은 여름에 자줏빛으로 핀다.

❺ 온화한 기후를 좋아하여 한국에서는 남부지방 해안이나 제주도에서 쉽게 재배할 수 있다.

❻ 꽃이 피기 전에 총포 밑부분을 잘라 채소로 먹거나 통조림으로 사용한다.

2. 효능

❶ 아티초크는 간장이나 위장의 기능을 높이는 효능이 있다.

❷ 섬유질과 항산화 물질이 풍부해 성인병을 예방한다.

❸ 혈중 콜레스테롤을 저하시키고 이뇨 작용을 원활하게 하는 효과가 있다.

❹ 당 조절로 인해 당뇨병 예방을 한다.

❺ 눈 건강에 효과가 있다.

❻ 기능성 성분인 사이나린(Cynarin)을 다량 함유하고 있고, 특히 사이나린은 간기능 강화, 담즙분비 활성화, 당 조절 등 약효가 탁월해 기능성식품을 비롯한 다양한 상품으로도 각광을 받고 있다.

3. 영양성분표

성분	단위	함량(100g당)
열량	kcal	371
수분	g	11.29
단백질	g	13.56
지방	g	7.02
탄수화물	g	65.25
총식이섬유	g	6.7
당류	g	1.69
회분	g	2.88
칼슘	mg	159
인	mg	557
철	mg	7.61
나트륨	mg	4
칼륨	mg	508
비타민 A	RE	1
비타민 C	mg	4
비타민 E	㎍	0.19
비타민 K	㎍	0.1
콜레스테롤	mg	0
폐기율	%	31

4. 손질방법

❶ 뾰족한 총포 부분을 잘라낸다.

❷ 꽃대와 봉오리를 분리한다.

❸ 꽃수술을 파낸다.

❹ 레몬으로 표면을 문질러 갈변을 막는다.

41 아피오스

Apios

1. 특징

❶ 콩과의 덩굴식물이다. 덩굴은 3~4m로 성장하고 잎은 5~7매의 복엽이며, 적자색의 꽃이 핀다. 한국에서는 인디언감자, 콩감자, 호도이모라고 불린다.

❷ 직경 2~4cm, 길이 3~6cm가 되면, 사과묘목의 흙 중에 온 것으로, 사포닌이 함유되어 있어 인삼과 같은 향과 맛이 난다.

2. 영양성분표

성분	식품상태(찐것)/(100g당)		
	아피오스	고구마	감자
에너지(열량 kcal)	175	128	69
수분(%)	53.5	66	80.6
단백질(g)	6.1	1.5	3
지질(g)	0.5	0	0
화분(g)	1.7	1.2	1.1
탄수화물(g)	38.2	31.3	15.3
섬유소(g)	1.7	0.6	0.2
칼슘(mg)	67	16	4
인(mg)	150	53	67
철(mg)	2	1	0.7
나트륨(mg)	31	2	3
칼륨(mg)	719	548	484
비타민 A(R.E)	2.5	17	0
레티놀(μg)	0	0	0
베타카로틴(μg)	15	102	0
비타민 B_1(mg)	0.19	0.08	0.11
비타민 B_2(mg)	0.05	0.1	0.04
니아신(mg)	2.1	0.7	0.9
비타민(mg)	21	19	30
폐기율(%)	0	0	0

3. 효능

❶ 만성 변비해소

섬유질이 많이 장기능 향상과 변비해소에 도움을 주는 음식으로 알려져 있다.

❷ 비만, 당뇨병 효과

사포닌이 함유되어 있어 콜라스테롤의 억제, 중성지방을 줄여주는데 효과적이다.

❸ 혈압강하작용

실험을 통해 한쪽은 1% 콜레스테롤식을 먹이고, 한쪽은 아피오스식을 먹였더니 아피오스식을 먹은 실험체가 대조군보다 낮은 혈압을 보였다고 한다. 아피오스가 소화흡수 과정에서 분해되어 생성된 펩타이드가 혈압강화작용에 관여하는 것으로 예측되었다.

❹ 관절염, 요통 효과

요통 등 뼈와 관련된 질환에 효과적이며, 성장기 어린이들에게도 도움을 줄 수 있다.

❺ 빈혈, 여성생리 효과

철분 함량 역시 높아 빈혈 개선에 효과적으로 이용할 수 있다.

4. 섭취방법

❶ 껍질에 영양소가 많아 껍질채로 먹는 것이 좋다.

❷ 독소가 있기 때문에 반드시 익혀 먹어야 한다.

❸ 일반 감자처럼 쪄서 바로 섭취할 수 있다.

❹ 인삼과 같은 향이 나기 때문에, 삼계탕 등에 인산 대용으로 쓰면 그 비슷한 향을 느낄 수 있다.

❺ 아피오스 분말을 만들어 부침개로 먹을 수도 있다.

❻ 찌개에 감자 대신 아피오스를 사용하여 영양과 향 모두를 상승시킬 수 있다.

5. 보관방법

❶ 수분 함량이 적기 때문에 종자를 보관할 때는 그 수분을 잃지 않는 것이 중요하다. 그러므로 비닐에 싸서 서늘하고 그늘진 곳에 보관하는 것이 좋다.

❷ 그늘지고 서늘한 곳에 보관하면 2~3개월 정도 보관할 수 있다.

42 야콘

Yacon

1. 특징

❶ 국화과 식물이며 원산지는 남아메리카이다. 한국, 일본, 미국 등지에서 재배가능하다. (우리나라에서는 1985년부터 재배가기 시작함)

❷ 야콘의 모양은 고구마 형태와 흡사하고 올리고당의 함량이 높다.

❸ 이눌린, 폴리페놀 등의 성분이 다량 함유되어 있고, 단맛이 많이 나고 배처럼 수분 함량이 많다. 열량은 100g당 57kcal이다.

2. 재배

❶ 우리나라에는 1985년 4월 농업진흥청에서 터키로부터 모종 3포기를 들여와 실험 재배를 하였으며, 그 뒤 적은 양이지만 괴산, 상주, 강화에서 재배를 시작했다.

❷ 2005년을 전후로 점차 전국적으로 확산되기 시작하였으며, 2007년 현재 초기 재배농가와 대농 중심으로 냉면, 잎차, 즙 같은 가공품을 생산하기 시작했다.

❸ 국내에선 비교적 시원한 강원도 대관령 지역 등 고랭지에서 재배한다.

3. 구입방법

❶ 야콘을 구입할 때에는 껍질색이 자줏빛 또는 팥죽색을 선명하게 띠는 것이 좋다.

❷ 과육의 색이 흰색보다는 노란색을 띠는 것이 당도가 높다. 과육이 하얄수록 덜 익은 것이니 주의해서 구입하는 게 좋다.

❸ 야콘잎의 경우 풍부한 식이섬유소와 낮은 칼로리로 다이어트에 많은 도움이 되는 식품이다. 주로 소금물에 데쳐 쌈, 무침 등으로 섭취한다.

Tip 야콘을 생으로 먹었을 때와 익혀서 먹었을 때 장단점

야콘은 생으로 먹었을 때가 영양분이 파괴도 안 되고 가장 좋은데 생으로 섭취할 때는 배와 같이 아삭한 식감이 있고, 단맛이 많이 나며, 수분감과 배맛처럼 시원함을 느낄 수 있다. 열을 가하여 조리하면 연근과 같은 맛이 나며 아삭함이 사라지지만 당도는 높아진다. 열을 가했을 때 영양분이 파괴되는데 데친 야콘을 절임 할 경우에는 폴리페놀, 비타민 성분 등이 유지하는 데 도움이 된다고 한다. 장아찌류를 하는 것이 영양성분이 유지된다.

4. 효능

❶ 칼로리가 낮고 알칼리성 식이섬유가 다량 함유되어 있어 다이어트에 도움을 주는 식품이다.

❷ 야콘에 함유되어 있는 이눌린 성분은 당뇨병 환자에 도움이 된다.

> **Tip 이눌린**
> 주로 국화과의 땅속줄기식물이다. 우엉뿌리, 민들레 등에 존재하며, 백색의 둥근 결정으로 비교적 물에 용해된다. 떫은맛이 있는 것이 특징이다.

❸ 야콘에 함유되어 있는 폴리페놀 성분이 콜레스테롤을 감소시키고 동맥경화에 도움을 준다.

> **Tip 폴리페놀**
> 식물에 존재하는 화학물질로써, 항산화 물질로 동맥경화, 심근경색에 좋다.

❹ 나트륨 배출에 효과적이다. 칼륨을 많이 포함하고 있어 체내 나트륨량의 밸런스를 맞춰 혈압을 낮추는 효능이 있다.

> **Tip 야콘껍질에 대한 성분**
> 야콘껍질에도 좋은 성분이 많지만 폴리페놀 성분이 매우 많이 함유되어 있다. 유기농 재배의 경우 껍질째 바로 섭취할 수 있다. 하지만, 껍질째 먹었을 때 식감이 좋지 못하여 대부분의 껍질을 제거 후 섭취한다. 껍질은 차로도 많이 먹을 수 있는데, 향은 둥글레 향이 나서 먹기에도 좋다.

5. 보관방법

❶ 실내 보관을 할 때에는 장기간 동안 보관 시 야콘을 랩이나 신문지를 싸서 냉장고나 김치냉장고에 넣고 보관 하거나 양이 많을 경우에는 최대한 시원한 곳에 보관한다.

❷ 실외 보관 시 야콘을 비닐봉지에 싸거나 박스에 넣어서 창고에 넣어 두거나 땅속에 묻어두어서 보관하는 방법도 있다. 주의할 점은 영하의 온도에서 얼지 않도록 보관하는 게 중요하다.

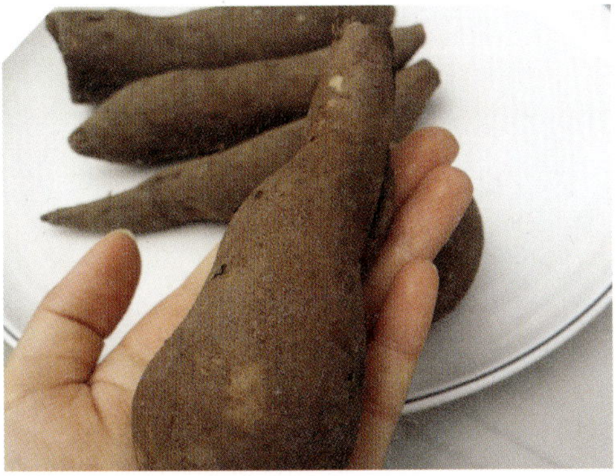

6. 연구

❶ 야콘을 이용한 열처리 가공식품 개발

[Development of heat-preserved yacon products]

야콘을 이용하여 상품화할 수 있고 저장성을 높일 수 있는 가공식품을 개발하기 위하여 통조림과 잼의 개발을 시도하여서 본 연구를 통해 가공성이 우수하여 다양한 가공식품으로 개발될 수 있는 가능성을 확인하였다.

❷ 야콘의 첨가가 배추김치의 이화학적 특성과 발효과정에 미치는 영향

본 연구는 김치에 첨가되는 야콘이 김치 발효 중에 미생물 발효와 펙틴 효소 활성에 미치는 효능을 관찰하였고, 발효가 진행됨에 따라 전체 산도, 젖산농도, 미생물 수가 증가하는 반면에 pH는 감소하였다. 이러한 관찰결과를 지켜볼 때 김치 제조 시 영향을 줄 수 있음을 보여준다.

7. 영양성분표

성분	함량	성분	함량
수분	83.1g	인	34mg
단백질	1.0g	철	0.2mg
지방질	0.1g	마그네슘	8.4mg
당질	13.3g	식이섬유	2.6g
섬유	0.9g	폴리페놀	203mg
회분	1.1g	베타카로틴	130㎍
나트륨	0.4mg	비타민 B_1	0.07mg
칼륨	344mg	비타민 B_2	0.31mg
칼슘	12mg	비타민 C	5mg

43 얌빈

Yam bean

1. 특징

❶ 일명 멕시코 감자, 히카마(jicamayam) 또는 bean(얌빈)이라고도 불리며, 콩과의 덩굴식물이다.

❷ 멕시코와 라틴아메리카가 원산지이며, 칡넝쿨과 비슷하게 생겼다.

❸ 히카마(얌빈)는 미국 허핑턴 포스트에서 선정한 세계 20대 건강식품 중 한 가지로 선정된 식물로 알려져 있다.

❹ 나와틀어에서 유래한 히카마라는 뜻은 '맛을 본 것'이라는 뜻이다.

❺ 히카마 껍질은 피부 팩으로도 사용되고 껍질이 바나나 껍질 벗기듯 잘 벗겨지는데 그 이유는 섬유소가 많아서 그러하다.

2. 효능

❶ 바이러스에 대한 인체 면역 강화에 좋다. 인터페론과 감마글로블린의 생성을 촉진한다.

❷ 성인병 예방

❸ 다이어트 식품

❹ 당뇨병 예방 및 치료

❺ 변비, 설사 방지

❻ 피부 미백효과

3. 영양성분표

얌빈 성분	단위 100g 기준	에너지	38kcal
수분	85.09g	나트륨	4mg
탄수화물	8.82g	철	0.6mg
식이섬유	4.9g	마그네슘	0.06mg
유리당(당류)	1.80g	비타민c	20.2mg
회분	0.30g	비타민B1	0.02mg
지방	0.09g	비타민B2	0.029mg
칼륨	150mg	비타민B3	0.2mg
인	18mg	비타민E	0.46mg
칼슘	12mg	아미노산	0.72g

감자 성분	단위 100g 기준	에너지	66kcal
수분	81.4	비타민A	0
탄수화물	14.6g	비타민B1	0.11mg
식이 섬유	0.2g	비타민B2	0.06g
회분	1.1g	비타민C	36mg
지방	0g		
칼슘	4mg		
나트륨	3mg		
철	0.6mg		
니아신	1.0mg		

4. 재배방법

❶ 파종 시기는 4월경이며, 직파 또는 묘종 이식으로 파종을 한다.

❷ 25~30cm의 주간거리를 두며, 사질 양토의 조건이 맞춰져야 한다.

❸ 수확시기는 10월 말경이다.

❹ 한 뿌리당 하나씩 자란다.

5. 보관방법

❶ 그늘지고 바람이 잘 통하는 곳에 보관한다.

❷ 신문지나 종이팩에 넣어 냉장보관한다.

❸ 껍질을 벗겨 깨끗이 씻어 팩에 담아 냉장보관하면 15일 정도 보관이 가능하다.

❹ 실내온도가 12~16도 정도 되는 건조한 장소에서 2개월 이상 보관 가능하다.

※냉동보관을 하게 되면 아삭한 식감이 사라진다.

44 엔다이브

Endive

1. 특징

❶ 국화과이고, 발견 시기는 19세기 중반이다.

❷ 우리나라는 1980년 중반부터 알려졌다.

❸ 암실연화재배로 농약을 전혀 사용하지 않는다.

❹ 품종은 노란색과 붉은색이 있다.

❺ 9세기 중반에 벨기에 수도 브뤼셀에서 치커리 뿌리를 캐내 얼지 않도록 지하실에 보관해두었다가 나중에 보니 뿌리에서 배추 속처럼 생긴 노란 싹이 올라왔다고 한다.

❻ 엔다이브는 밭에서 4~5개월 재배한 치커리 뿌리를 수확하여 일정 기간 저온저장 후 2차 암실에서 약 20일 연화재배한 싹을 말한다.

❼ 벨기에에서 처음 생산되었다 하여 벨지움 엔다이브 또는 벨기에 엔다이브라 불린다.

❽ 쌈 채소나 샐러드용으로 쓰인다.

❾ 소화제와 이뇨제, 완화제 등의 효능이 있다.

❿ 결구시킨 엔다이브는 배추보다 영양가가 높다.

2. 영양성분표

성분	함량
물	94.520g
열량	17.000kcal
단백질	0.900g
지방	0.100g
탄수화물	4.000g
섬유질	3.100g
회분	0.470g
칼슘(Ca)	19.000mg
철(Fe)	0.240mg
마그네슘(Mg)	10.000mg
인(P)	26.000mg
칼륨(K)	211.000mg

나트륨	2.000mg
아연	0.160mg
구리	0.051mg
망간	0.100mg
비타민 C 아스코르브산	2.800mg
성장촉진효소	0.027mg
니코텐산	0.160mg
판토텐산	0.145mg
비타민 B_6	0.042mg
엽산	37.000mg
비타민 B_{12}	0.0000mg
비타민 A(IU)	29.000IU
비타민 A(RE)	3.000mdg-RE

3. 효능

❶ 섬유질, 비타민의 보고, 성인병 예방에 특효이다.

❷ 칼로리가 아주 낮아 다이어트에 좋다.

❸ 소화제와 이뇨제, 완화제로 쓰이며, 류머티스와 관절염, 통풍 등을 예방하는 효과가 있다.

❹ 인티빈 성분이 심장질환 예방, 항암효과와 콜레스테롤 수치를 낮추는 효과가 있다.

❺ 인티빈은 식욕을 돋구고, 담즙분비를 촉진시키는데 이는 간질환 및 담즙분비장애 환자들에게 유익한 성분이다.

4. 손질방법

❶ 뿌리 부분은 1cm 정도 제거한 후, 한 장씩 잎을 떼어낸다.

❷ 등분으로 썰 때는 엔다이브의 잎이 모두 보이게 결대로 자르면 된다.

❸ 채 썰 때는 엔다이브 잎을 하나씩 떼어낸 후 잘게 채 썰어 사용하면 된다.

❹ 갈변을 막으려면 물에 식초를 살짝 타 담그거나, 42℃ 온도에서 2~3분 정도 넣었다가 빼준다.

45 여주

Bitter gourd

1. 특징

❶ 여주 열매가 여지(荔枝)와 비슷하므로 여주라고 불린다.

❷ 박과이며, 긴 타원형이고 양끝이 좁으며 혹 같은 돌기가 있다.

❸ 익으면 황적색으로 변하고 불규칙하게 갈라져서 씨앗이 나온다.

❹ 열매와 홍색 종피는 식용으로 사용하며, 종자는 약용으로 사용한다.

❺ 아시아에서 관상용으로 키우기도 한다.

❻ 인도 등 열대 아시아 지역이 원산지이다.

❼ 미숙에서 완숙까지 여름에는 3~4일 정도가 소요되고 겨울에는 7~10일 정도 소요된다.

2. 효능

❶ 비타민 C가 많아서 괴혈병을 예방할 수 있다.

❷ 칼륨 함량이 많아서 몸에 있는 나트륨을 배출하는 작용을 가지고 있다.

❸ 면역기능을 높이는 효능도 있고 에이즈의 원인이 되는 HIV 바이러스에 대한 저항력을 높이는 기능이 있다.

> **Tip** HIV 바이러스(human immunodeficiency virus)
> 인간면역결핍 바이러스 로 면역력을 담당하는 림프구를 급속히 파괴시킨다.

❹ 인슐린의 분비를 촉진시키므로 당뇨병 치료에 탁월하다.

> **Tip** 당뇨병
> 혈중 포도당의 농도가 높아지는 고혈당을 특징으로 하며, 소변에서 포도당을 배출하게 된다.

3. 영양성분표

성분		함량(날것)	함량(볶음)
열량		17kcal	53kcal
카로틴		210㎍	230㎍
칼슘		14mg	14mg
칼륨		260mg	260mg
마그네슘		14mg	15mg
아연		0.2mg	0.2mg
비타민 B_1		0.05mg	0.05mg
비타민 B_2		0.07mg	0.08mg
비타민 C		76mg	75mg
나이신		0.3mg	0.3mg
식이섬유	수용성	0.5g	0.5g
	불용성	2.1g	2.3g

여주의 부분별 무기성분

구분	K	Ca	Mg	Na	Fe	Mn	Zn	Total
미숙	48.1	4.1	5.2	0.6	0.0	0.0	0.1	58.1
완숙	35.7	2.5	3.0	0.0	0.2	0.0	0.0	41.1
풀솜	45.0	10.5	7.0	0.0	0.0	0.1	0.3	62.0
여주씨	20.9	2.0	4.7	0.1	0.2	0.0	0.1	28.3

풀솜	미숙	완숙	여주씨
1768.7	907.6	836.1	422.8

4. 섭취방법

❶ 여주를 생으로 갈아서 먹는 방법이 있다.

생으로 섭취 시에는 여주 떫은맛을 줄이기 위해 여주의 속을 제거 후 섭취한다. 다른 과일들이랑 같이 갈아서 먹으면 과일들의 단맛이 여주의 떫은맛을 완화시킬 수 있다.

❷ 볶음으로 해 먹을 수 있다.

여주는 다른 식자재와 다르게 조리 중 가열을 하여도 비타민 C가 파괴되지 않으므로 볶음요리로서 적합하다.

❸ 분말로 만들어 여주차로 만들어 먹는다.

여주에는 천연 인슐린이 있으므로 차로 섭취 시 당뇨병을 예방할 수 있다. 건조시킨 여주 2~3g을 끓인 물 250ml에 넣은 후 2~4분 정도 우려내어 음용하면 된다.

> **Tip** 비타민 C는 수용성 비타민으로서 물에 데치면 물 속으로 비타민 C가 빠져나간다. 빠르게 데쳐, 조리 시에는 물을 이용하는 요리보다는 볶음으로 하는 요리 방식을 하는 것이 비타민 C의 손실을 최소화시킬 수 있다.

5. 손질방법

❶ 여주를 깨끗이 씻어 꼭지부분을 잘라 준다.

❷ 칼로 2등분하고 중앙에 씨 부분을 깨끗이 제거한다.

46 오레가노

Oregano

1. 특징

❶ 오레가노는 마조람의 일종으로 와일드 마조람이라는 별칭을 가지고 있다.
❷ 마조람과 활용도는 매우 비슷하다.
❸ 그리스 시대부터 약초, 향신채소로 이용되어 왔으며, 주로 토마토소스, 육류, 치즈, 생선요리에 널리 사용된다.
❹ 차로 음용하면 멀미를 예방하거나 두통을 감소시켜주는 효과가 있다.
❺ 해가 잘들고 배수가 잘되는 곳에서 잘 자란다.
❻ 더위와 추위에 모두 강한 편이므로 비교적 기르기 쉬운 허브이다.

2. 영양성분표

성분	단위	함량
열량	kcal	265
수분	g	9.93
단백질	g	9.00
지방	g	4.28
탄수화물	g	68.92
총 식이섬유	g	42.50
당류	g	4.09
회분	g	7.87
칼슘	mg	1597.00
인	mg	148.00
철	mg	36.80
나트륨	mg	25.00
칼륨	mg	1260.00
비타민 A	RE	85.00
레티놀	μg	1701.00
티아민	mg	0.18

리보플라빈	mg	0.53
니아신	mg	4.64
비타민 C	mg	2.30
루테인+지아잔틴	㎍	1895.00
폐기율	%	N/A

3. 효능

❶ 해독, 방부, 진통, 진정시키는 작용이 있어 그리스・로마 시대부터 사용했다.
❷ 오한에 효과가 좋고 소화촉진에 도움을 준다.
❸ 곰팡이균을 자라지 못하게 하는 항균작용이 있다.
❹ 코, 폐, 기관지 간염에 효과가 있는 것으로 알려져 있고 바이러스 작용도 있어 발진에도 효과적이다.
❺ 피부염, 벌레 물린데 진정효과가 있다.
❻ 월경 촉진제
❼ 류머티스 관절염의 통증과 쑤시는 근육에 효과적이다.
❽ 면역력을 높이고 소화를 도우며, 특별히 회충을 죽이고 변비와 감기몸살의 예방과 치료에 사용한다.
❾ 항암 성분이 뛰어나다.

4. 부작용

❶ 약성이 강하기 때문에 장기복용 시에는 필히 전문의와 상담해야 한다.
❷ 임산부의 경우 복용을 금지해야 한다.
❸ 눈에 들어가면 안 된다.

5. 구매방법

5~7월 사이에 들과 밭에 자라기 때문에 직접 채취할 수도 있다.

47 오크라

Ladies' finger

1. 특징

❶ 오크라는 아욱과에 속하는 속씨식물로써 열매의 생김새가 여성의 손가락을 닮았다고 해서 레이디스 핑거(Ladies Finger)라고도 부른다.

❷ 여성들의 피부미용에 탁월한 효과를 가지고 있어 세기의 미인들, 클레오파트라, 양귀비도 즐겨 먹곤 했다.

❸ 오크라는 일본에서는 100세 건강식품으로 선정되어 토, 마, 다시마 등 끈적한 점액질을 지닌 식품을 네바네바(ねばねば, 끈적끈적) 식품이라 하여, 건강식으로 즐겨먹는 친숙한 식품이다.

❹ 오크라의 모양은 풋고추와 유사하게 생겼으며, 자랄 땐 꼭지가 밑으로 향해 자라는 차이점이 있다.

❺ 종류로는 적색오크라와 녹색오크라의 두 가지 색상을 가지고 있다.

2. 유래

❶ 오크라는 아열대기후에서 제일 잘 자라며, 세계적으로 열대, 아열대, 온난기후 지역에서 경작된다.

3. 영양성분표

영양성분			
열량	31kcal	비타민 B	0.22mg
수분	90.17g	판토텐산	0.25mg
단백질	2.00g	비타민 B_{12}	0.00㎍
지방	0.10g	엽산	0.00㎍
탄수화물	7.03g	엽산, 전체	88.00㎍
총 식이섬유	3.20g	엽산, 식품	88.00㎍
당류	1.20g	엽산, DFE	88.00㎍
회분	0.70g	비타민 D	0.00㎍
칼슘	81.00mg	비타민 E	0.36㎍
인	63.00mg	비타민 K	53.00㎍
철	0.80mg	콜레스테롤	0.00mg
나트륨	8.00mg	포화지방산	0.03g
마그네슘	57.00mg	단일불포화지방산	0.02g
망간	0.99mg	다가불포화지방산	0.03g
아연	0.60mg	알파카로틴	0.00㎍
구리	0.09mg	베타그립토잔틴	225.00㎍
셀레늄	0.70㎍	라이코펜	0.00㎍
비타민 A	19.00RE	루테인+지아잔틴	516.00㎍
레티놀(IU)	375.00IU	콜린	12.30mg
티아민	0.20mg	폐기율	14.00%
리보플라빈	0.06mg	비타민 C	21.10mg
칼륨	303.00mg	니아신	1.00mg

4. 효능

❶ 정장작용과 변비해소에 좋다.

별모양의 오크라 열매를 자르면 단면에서 끈적끈적한 점액질의 성분이 나오는데 이 안에는 당단백질인 뮤신과 펙틴이 들어 있어 장의 원활한 배변활동을 도와 변비에 탁월하고 체내 독소와 중금속을 배출하는 데 도움을 준다.

❷ 면역력과 암 예방에 도움을 준다.

오크라에는 베타카로틴이 양상추의 3배 이상 포함되어 있다. 이 베타카로틴은 암을 예방해주고 면역력을 키우는 역할과 체내에서 비타민 A로 변환되어 뇌 건강과 시력 유지, 점막이나 피부의 건강에 도움을 준다.

❸ 나트륨 배설 촉진, 뼈 건강에 도움을 준다.

오크라에는 칼륨과 칼슘 성분을 풍부하게 함유하고 있다. 칼륨은 나트륨 배설을 촉진하고 혈압을 안정시키며, 칼슘은 뼈를 튼튼하게 해서 성장기 아이들의 골격형성에 좋다.

❹ 임산부들에게 결핍되기 쉬운 엽산이 풍부하다.

오크라에 들어 있는 풍부한 엽산은 임신 초기에 임산부들에게 결핍되기 쉬운 비타민 B군이 들어 있어 임산부와 태아 건강에 도움을 준다.

❺ 세기의 미인들이 먹었던 채소이다.

오크라는 가려움증과 아토피 피부질환에도 매우 우수한 효능을 지니며 여드름을 억제하고 독소와 노폐물을 배출시켜 피부미용에 뛰어나다.

5. 조리

❶ 오크라는 지용성 비타민이 풍부하여 기름을 이용해 볶음요리를 하면, 비타민 섭취효과가 상승한다.

❷ 오크라의 점액질의 끈적거리는 느낌이 부담스럽다면 카레에 오크라를 넣어 오크라 카레를 만든다.

❸ 오크라 열매 안에 옥수수 알갱이처럼 생긴 오크라 씨앗은 밥을 지을 때 함께 넣어 먹기도 한다.

❹ 육류와 함께 구성하면 느끼함을 잡아주며, 몸을 차갑게 해주는 음성 식재료라서 양성인 간장과 매치하면 중성화되어 효과적이라 고깃집에서 간장과 함께 제공하고 고기와 곁들여 먹으면 영양학적으로 궁합이 잘 맞는다.

Tip 사진에 보이는 것처럼 오크라는 고추와 반대로 나무에서 거꾸로 열리는 작물이다.

48 오크리프

Oak leaf

1. 특징

❶ 유럽 상추의 한 품종이며, 적색계와 청색계가 있다.

❷ 일반 상추에 비해 부드러우며 아삭거리고 단맛이 난다.

❸ 잎줄기가 도톰하여 즙이 많다.

❹ 적색계의 오크리프는 샐러드의 색을 낼 때나 장식용으로도 많이 사용한다.

2. 영양성분표

성분	열량	수분	단백질	지질	탄수화물	섬유질	비타민 B_6	비타민 C	비타민 E
함량	18kcal	94g	1.3g	0.3g	3.5g	1.9g	0.055mg	18mg	0.44mg

3. 효능

❶ 매일 섭취하면 피부의 건조와 잇몸의 출혈을 예방할 수 있다.

❷ 산후 젖 분비량이 증가된다.

❸ 임신에 도움이 된다.

❹ 어린이의 내분비선을 발달시킨다.

❺ 모발의 색을 곱게 만든다.

❻ 혈구의 재생을 돕는다.

❼ 각종빈혈에 효과가 좋다.
❽ 신체성장 발육 촉진시킨다.

4. 부작용

최면, 진통의 효과가 있어 많이 먹으면 졸음이 온다.

5. 섭취방법

❶ 서양에서는 육류요리에 필수적으로 이용된다.
❷ 포기째로 수확하여 먹는 것이 일반적이다.
❸ 우리나라에서는 쌈 채소, 샐러드, 무침, 겉절이, 비빔밥 재료에 사용한다.

6. 저장방법 및 구매방법

❶ 보관기간이 길지 않아 바로 소비하는 것이 좋다.
❷ 일반 마트에 가도 쉽게 구할 수 있다.
❸ 종자도 판매하기 때문에 직접 재배할 수도 있다

49 와송

瓦松

1. 특징

❶ 기와지붕이나 산속 바위에서 자라나는 일명 기와솔, 바위솔이라 불리는 경천과(景天科)에 속하는 다년생 식물이다.

❷ 우리나라와 중국, 일본에 분포하며 각각의 생김새가 각양각색이다.

❸ 식용과 약재로 사용되며, 5~10월이 제철이다. 평균 30cm로 자란다.

❹ 외래종 바위솔(와송)이 둔갑하여 시중에 유통 중이며, 효과가 입증되지 않은 바위솔(와송)은 구매 섭취를 금지한다.

❺ 현재 식약청에서 식품으로 등록된 와송은 기와 와송, 연화 와송, 둥근 와송이다. 식약청에서 승인하지 않은 와송은 거의 대부분 외국에서 들어온 와송으로 검증되지 않은 것이므로 주의해야 한다.

2. 효능

❶ 항암효과

와송에 함유된 폴리페놀 및 플라보노이드 특수 성분이 발암물질과 각종 암세포를 파괴한다.

- 폴리페놀 : 페놀 화합물의 일종으로 항산화 작용, 활성산소 제거에 효과적이다
- 플라보노이드 : 식물의 색소성분으로 항균 · 항암 · 항바이러스 · 항알레르기 및 항염증 활성을 지닌다.

❷ 해열과 간염, 습진, 화상 등에 효험이 있다. (본초강목)

와송은 그 맛이 시고 쓰며 성질이 차며, 열을 내리고 해독하며 부종을 내린다. (동의보감)

❸ 스트레스 완화 및 면역력 증가에 좋다.

❹ 노화방지에 좋다.

3. 영양성분표

100g 기준	수분 72.8g	
비타민 A 517.00µgRE	니아신 0.20mg	단백질 4.50mg
비타민 B_1 0.70mg	당질 19.60mg	β-카로틴 0.3mg
비타민 B_2 0.16mg	철분 3.10mg	인 51.00mg
비타민 B_6 0.14mg	식이섬유 0.23mg	아연 0.03mg
비타민 B_8 0.47mg	칼륨 1656.50mg	나트륨 48.70mg
비타민 C 16.10mg	지질 3.9mg	엽산 29.0µg

생와송과 건와송의 영양성분 차이는 거의 없다. 하지만 건와송보다는 생와송의 영양성분이 더 뛰어나다.

4. 부작용

❶ 와송은 찬 성질을 갖고 있어 설사를 자주하거나 손, 발 등이 찬 사람에게는 좋지 않다. (임산부/소아는 먹지 않는 것이 좋다.)

❷ 와송은 항암 치료 시 와송을 섭취하지 않는 것이 좋다.

❸ 와송은 과다섭취 시 복통과 설사를 할 수 있기 때문에 적정량 생와송(1일 60g) / 건와송(1일 10g) 정도가 적당하다.

5. 구매방법

5~10월에 생와송, 11~4월에는 건와송 또는 냉동와송의 구매가 가능하며, 근처 대형마트나 인터넷에서 구할 수 있다.

6. 보관방법

❶ 생와송의 보관방법

- 와송을 습자지나 신문지 등으로 싸 밀봉 후 냉장보관한다. (1개월 정도 보관 가능)
- 와송을 세척한 후 습자지나 신문지 등으로 싸 밀봉 후 냉동보관한다. (장기간 보관 가능)

❷ 건와송의 보관방법

습기가 없고 서늘한 곳에 밀봉 후 보관하거나 냉동보관한다. (장기간 보관 가능)

7. 섭취방법

와송주스, 와송차, 와송가루와 와송효소로 섭취한다.

50 용과
龍果

1. 특징

❶ 영어로 피타야라고도 불리며, Hylocereus라는 선인장에서 자라는 과일이다.

❷ 중앙아메리카의 멕시코가 원산지이다.

❸ 현재 인도네시아, 타이완, 베트남, 타이, 필리핀, 스리랑카, 말레이시아, 방글라데시, 우리나라의 제주도에서 재배한다.

❹ 일본의 오키나와, 하와이, 이스라엘, 오스트레일리아 남부와 중국 남부에서도 발견된다.

❺ 가지에 열매가 열린 모습이 용이 여의주를 물고 있는 형상과 닮았다.

❻ 당도는 16~18Brix로, 사과, 복숭아, 밀감보다도 높다.

❼ 꽃이 피면 안에 암술, 수술이 함께 있어 사람의 손으로 수정을 해주어야 한다.

2. 종류

색을 통해 세 종류로 나뉜다.

❶ 백육종은 흰색 과육이 있는 흔한 용과이다.

❷ 적육종은 빨간색 껍질에 빨간색 과육이 있다.

❸ 황육종은 노란색 껍질에 흰색 과육이 있다.

3. 재배

❶ 묘목을 포트에서 50cm 키우며, 10개월 후 꽃이 핀다.

❷ 꽃의 길이는 약 45cm, 열매는 꽃잎이 진 뒤 30~40일 후 수확할 수 있다.

4. 영양성분표

용과 100g당 영양성분			
열량	44kcal	나트륨	1mg
수분	87g	칼륨	305.00mg
단백질	1g	비타민 A	3mg
지방	0.4g	레티놀	0㎍
탄수화물	10.30g	티아민	0.08mg
총 식이섬유	N/A	리보플라빈	0.03mg
불용성 식이섬유	N/A	니아신	0.04mg
회분	0.4g	비타민 C	0.07mg
칼슘	6mg	베타카로틴	15㎍
인	29mg	폐기율	N/A
철	0.3mg	수용성 식이섬유	N/A

5. 효능

❶ 노화방지, 변비, 다이어트에 좋다. (비타민과 항산화물질 다량 함유)

❷ 피부미용에 좋다. (안토시안 성분과, 과일표피 내부를 이용한 보습효과가 매우 탁월하다.)

❸ 혈압안정, 당뇨병에 좋다. (천연 유기 알부민은 피를 맑게 하고 혈압을 낮추는데 효과가 있으며 당뇨병 환자들의 당조절 식품으로 좋다.)

❹ 특히 적육종에 항산화작용을 하는 안토시안인이 많다.

6. 섭취방법

❶ 백육종은 여러 조각으로 잘라서 바나나처럼 껍질을 벗겨먹는다.

❷ 적육종은 과일의 색소가 손에 묻으므로 숟가락으로 떠먹는 것이 좋다.

❸ 물, 우유, 요구르트, 꿀물 등을 섞어서 믹서기에 갈아먹는다. 화채나 젤리를 만들 때도 사용한다.

7. 구매방법 및 보관방법

❶ 열매를 상온에 보관하다가, 다 익으면 냉장보관한다.

❷ 일반 마트나 과일가게, 대형 마트에서도 쉽게 구할 수 있다.

51 용안

龍眼

1. 특징

❶ 룽안(龙眼)이라고도 하며 용안, 룽간이라고도 한다.

❷ 용안의 나무 수명은 최장 400년이며, 중국 화남지방의 4대 진과이다.

❸ 과육이 희고 투명한데 안에 검붉은 씨가 눈처럼 보여 용의 눈이라는 뜻의 이름이 붙었다.

❹ 중국 남방지역, 대만, 베트남, 인도네시아에서 생산한다.

❺ 룽안은 황실(皇室)에 진상하던(貢品) 과일로 룽안("龍眼")이란 이름을 얻었다.

※용안육 : 용안의 열매를 한방에서 이르는 말

❻ 용안의 과육이 흰색이라 용의 눈을 닮았다 하여 용안이라 불리운다. 무환자나뭇과의 상록 교목이다.

❼ 최대 높이는 13m이며, 4월에 황백색 꽃이 피고, 7~8월에 열매를 수확한다.

2. 유래

룽안의 원산지는 중국 영남(嶺南)지방이나, 중국의 진(秦)나라 시절의 문헌에는 룽안(龍眼)에 관한 기록이 없다. 서한(西漢) 시절 이후에 여러 기록이 시작된다.

3. 용도

❶ 풍경림(风景林) 및 방호림(防护林)으로도 쓰이며, 목재(木材)가 견고(坚固)하고 내구(耐久)성이 높아 뿌리, 줄기 모두 사용가능하다.

❷ 여지(荔枝)성 열매로, 충분히 약용으로 사용가능하다.

4. 영양성분표

항목	열량	수분	단백질	탄수화물	비타민 B_2	비타민 C
생육	67kcal	83g	1.3g	15g	0.14mg	84mg
건조	285kcal	17.6g	5g	74g	0.5mg	45mg

5. 효능

❶ 한방에서 강장제, 진정제로서 건망증과 불면증에 사용한다.
❷ 어지럽고 불면증에 시달릴 때 좋다.
❸ 노인, 산모, 빈혈 환자에게 좋다.
❹ 자궁암 세포를 억제시키므로 갱년기 여성들에게 좋다.

6. 부작용

❶ 염증이 있을 경우 먹지 않는 것이 좋고, 설사나 감기, 소화가 잘 안될 경우에는 적게 먹는 것이 좋다.
❷ 당뇨병 환자와 성장기 어린이도 적게 먹어야 한다.

7. 보관방법 및 손질방법

❶ 서양에도 수출되고 재배하는 곳도 늘어났지만 운반과정에서 단맛이 줄어들어 중국에서 먹는 것이 가장 맛있다.
❷ 냉동보관이 되서 들어온다.
❸ 껍질을 벗겨서 과육을 먹고 씨를 발라낸다.
❹ 껍질이 얇아 잘 벗겨진다.

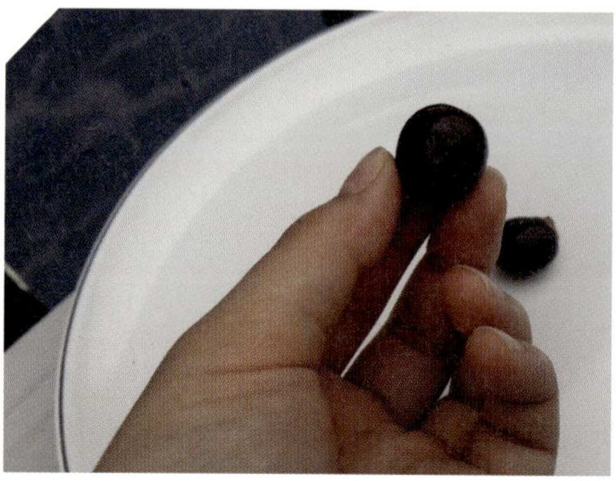

8. 섭취방법 및 구매방법

❶ 약용 또는 말리거나 젤리, 통조림으로 사용하거나, 증류시켜 도수가 낮은 알코올 코디얼을 만든다.

❷ 인터넷 사이트를 통해 구매하거나, 대형 마트, 식자재 마트에서도 구매가 가능하다.

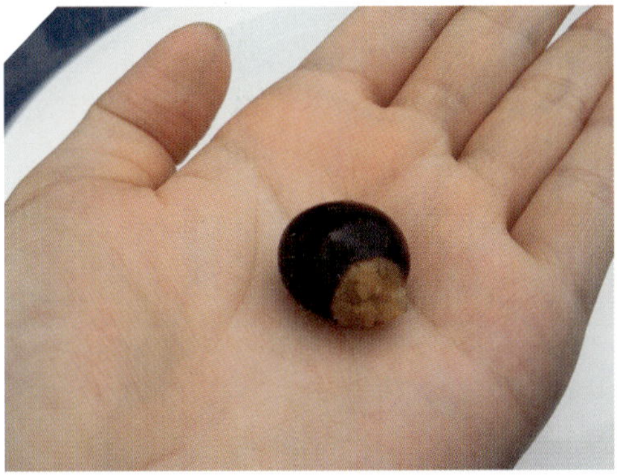

52 우슬

牛膝

1. 특징

❶ 여러해살이 풀로 쌍떡잎식물에 속한다.

❷ 한국, 일본에 분포되어 있으며, 숲 가장자리, 산기슭 등산로 가장자리, 반음지-양지에 분포한다.

❸ 우리나라 터주 식물이다.

❹ 비름과 식물인 쇠무릎(Achyranthes japonica Nakai)의 뿌리를 말린 것이다.

❺ 약초 마디의 생김새가 마치 소의 무릎을 닮아 '우슬(牛膝)'이라 불린다.

❻ 『동의보감(東醫寶鑑)』에서는 무룹디기(쇠무릎지기)로 표기하고, 『향약집성방(鄕藥集成方)』에서는 백성들이 쓰는 향명으로 牛無樓邑(우무누읍), 즉 쇠(牛) 무루읍(無樓邑)으로 표기한다.

2. 효능

❶ 맛은 쓰고 시며 성질은 평하다. 하지 저림이나 무릎 관절통, 남자의 소갈을 치료한다. (동의보감)

❷ 신장건강&요로결석

신장이 좋지 못해 소변, 통증이 있을 때, 혈뇨를 볼 때 도움을 준다.

우슬에 에크디스테론이라는 성분이 있는데, 이것은 콜레스롤과 혈당을 낮춰주고 단백질 합성률을 증가시켜 간과 소장을 튼튼히 만들고 신경세포의 보호작용을 한다.

❸ 진통 효과

천연 진통제라고 불려질 만큼 좋은 진통 효과를 지니고 있어 관절염(류머티스성 관절염, 타박성 염증), 디스크 치료에 효과가 있다. 우슬에는 칼슘과 사포닌이 풍부하게 함유되어 있고, 진통작용, 허리 디스크, 근육경련 증상 완화와 관절질환 치료에 효과적이다.

❹ 혈액순환을 원활하게 하는 효과

우슬에 있는 사포닌 성분이 어혈을 없애고 혈액순환을 원활하게 하여 생리불순, 생리통, 산후 어혈, 타박상에 도움을 준다.

3. 부작용

❶ 우슬 뿌리는 자궁을 수축시켜 어혈을 제거하는 작용을 하기 때문에 임신한 여성의 경우 유산가능성이 높아 임신부에게는 쓰지 않는다.

❷ 과다 복용 시 설사를 할 수 있다.

4. 섭취방법

가을에 뿌리를 캐 물에 씻어 햇볕에 말린다.

5. 보관방법 및 구매방법

❶ 깨끗이 씻어 말려 보관하거나, 또는 냉동실에 얼려 장기간 보관할 수 있다.

❷ 밭과 들에도 많이 자란다.

53 울금

鬱金

1. 특징

❶ 뿌리는 굵고 튼튼하며 긴 달걀모양 덩이뿌리 형태를 이룬다.

❷ 잎은 기부에서 나오며 잎자루의 길이는 약 5cm이다.

❸ 잎맥이 선명한 것이 특징이다.

❹ 생강과에 속하며 열대아시아가 원산지이다. 한국, 인도, 인도네시아가 서식지이다.

2. 특성

❶ 울금을 '마술' 이라고 부르게 된 이유에 대해서 이시진이 쓴 『본초강목』에서는 말하기를 "말의 병을 고치는 데 사용하기 때문에 '마술(말마, 봉아술)' 이라 이름지어졌다."라고 기록하고 있다.

❷ 울금에는 쿠르쿠민(Curcumin) 1~3%, 정유 1~5%, 녹말 30~40% 등이 함유되어 있는 것으로 알려져 있는 바, 황색색소 쿠르쿠민은 간기능, 위궤양의 원인균인 피아로리균의 항균작용, 담즙분비를 촉진하는 이담작용과 이뇨작용, 암의 예방과 억제 기능, 멜라닌 색소방지 작용을 하는 것으로 알려져 있고, 정유의 주성분으로서 투르메론, 데히드로투르메론이 50%, 진기베렌, 디알파펠란드렌, 씨네올, 알파사비넬, 보르네올 등 인체에 유익한 유기산이 다량 함유되어 있는 것으로 알려져 있다.

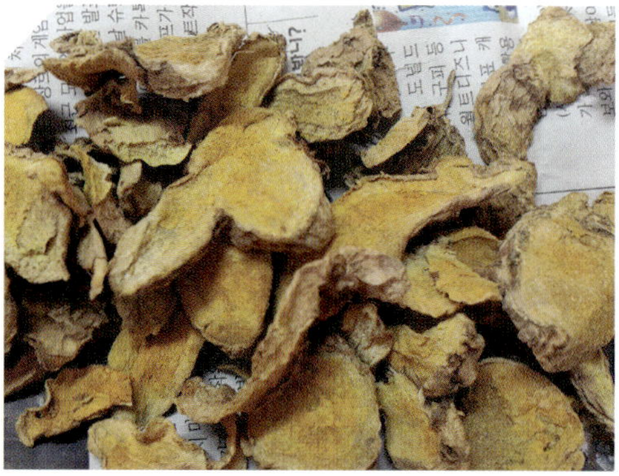

3. 울금과 강황의 영양성분 비교

	강황(薑黃, curcuma longa)	울금(鬱金, curcuma aromtica)
분류	생강과	생강과
재배지역	열대 아시아 지역(인도, 베트남)	대륙성기후 지역(한국, 일본 등)
성질	따뜻한 성질	서늘한 성질
색	노란색	
맛	쓰며 매운맛	쓴맛
재배기간	최소 2년 이상 재배	1년 이하 단기 재배
재배환경	열대성기후 내의 비옥한 사진 토양에서 재배	온대성기후 이상의 실내 및 실외에서 재배
섭취제한	체질에 관계없이 누구나 음용 가능	냉한 체질의 경우 음용 불가
주용도	카레의 주원료	단일건조식품의 첨가원료로 쓰임
주요소비지역	전세계(유럽 및 아시아)	한국, 일본

4. 효능

❶ 생기가 돌게 함. 황달을 없앰. 통증을 그치게 한다.

❷ 열을 식히고 열기로 인해 몸의 기능이 활발하지 않을 때 풀어줌. 어혈을 풀어준다.

❸ 알코올성분 등을 해독하는 간기능을 살려준다.

❹ 항암효과가 뛰어난 커큐민이라는 성분을 함유하고 있다.

❺ 암 예방 및 치료 효과가 있다.

❻ 혈중콜레스테롤의 수치를 낮춰주는 효과가 있어 동맥경화 및 고혈압 예방에 좋다.

❼ 피를 멈추게 하고 나쁜 피를 제거하며 코피, 혈뇨, 토혈에 사용한다.

5. 부작용

❶ 하루 10g 이상 섭취하지 않아야 한다.

❷ 특히 임산부는 섭취를 금한다.

❸ 식전보다는 식후에 섭취하는 것이 좋다.

54 원추리

萱草

1. 특징

❶ 외떡잎식물, 백합목이며, 동아시아가 원산지이다.
❷ 한국, 중국 등지에 분포되어 있으며, 산지가 자생지이다.
❸ 높이는 약 1m이며, 6~7월에 개화를 한다.
❹ 꽃말은 '기다리는 마음'이다.
❺ 산의 양지쪽 풀밭에 나는 여러해살이 풀이며, 뿌리 끝에 노랗게 덩어리가 붙는다.
❻ 성질이 차고 뿌리에는 약간의 독이 있으며, 약성이 온화하여 즉효가 있는 것이 아니라 효과가 천천히 나타난다.
❼ 넘나물이라고도 한다. 넘나물은 원추리의 어린 순으로 대표적인 봄철 산나물의 하나로써 맛이 달착지근하고 연하고 매끄러워 감칠맛이 있는 순하고 담백한 산물로 훤채(萱蔡)라고 한다.
❽ 다른 이름으로는 망우초(忘優草)라고 한다. 새해에 떨떠름하고 근심스러운 모든 시름들을 떨치곤 했다.
❾ 원추리 새순과 꽃은 나물 또는 튀김으로 사용하고, 뿌리는 말려 약재로 사용한다.

2. 유래

원추리 꽃이 득남초(得男草)인가?

여름의 대표적 야생화인 원추리 꽃은 이름도 다양하다. 옛 선인들은 임신한 여자가 원추리 꽃을 허리춤에 차고 있으면 사내아이를 낳을 수 있다 해서 의남초(득남초)라 불렀다. 이 말은 원추리 꽃봉오리가 아기의 고추를 닮았기 때문에 생겨난 속설이라 한다. 그러나 꼭 속설 때문만은 아닌듯 하다. 원추리 꽃에는 흥분을 일으키는 정유물질이 들어있다 해서 중국의 황실에서는 원추리 꽃을 말려 베개 속을 채웠다고 한다. 배개에 누우면 꽃에서 풍기는 향기가 정신을 혼미하게 해 성적 감흥을 일으켜 부부금실을 좋게 한다고 믿었기 때문이다.

3. 영양성분표

성분	함량
니아신	0.80mg
나트륨	4.00mg
단백질	2.70g
당질	7.20g
레티놀	0.00㎍
베타카로틴	535.00㎍
비타민 A	89.00㎍RE
비타민 B_1	0.09mg
비타민 B_2	0.08mg
비타민 B_6	0.07mg
비타민 C	39.00mg
비타민 E	0.20mg
식이섬유	2.43g
아연	0.35mg
엽산	16.10㎍
인	69.00mg
지질	0.30g
철분	0.60mg
칼륨	347.00mg
칼슘	19.00mg
콜레스테롤	0.00mg
회분	0.70g

4. 효능

❶ 원추리 싹과 꽃은 소화를 잘 되게 하고 습열을 치료한다. 뿌리는 유선염에 효과가 있다. (본초강목)

❷ 원추리를 삶아 먹으면 소변이 붉고 잘 나오지 않는 것과 번열, 술로 인해 황달이 된 것을 치료한다. (일화본초)

❸ 김치를 만들면 흉격을 이롭게 하고 오장을 편안하게 한다. 몸이 가벼워지고 눈이 밝아진다. (도경본초)

❹ 원추리 뿌리는 결석을 다스리고 수기를 내리며 술독을 푼다. (본초습유)

❺ 뿌리를 생즙 내어 마시면 코피 나는 것을 멎게 하고 열을 내린다. (본초연의)

❻ 뿌리는 이수 양혈의 효능, 수종, 배뇨곤란, 황달 등의 효과에 좋다.

❼ 꽃은 금침채(金針採)라 하며, 이습열, 관흉격, 치창혈변 등에 치료한다.

❽ 전초 달인 물은 결핵균과 이뇨작용, 항염증 작용, 지혈에 효과적이다.

❾ 어린 순은 독소해독에 효과적이다.

❿ 원추리는 스트레스, 우울증, 마음의 안정을 치료하는 약초로 사용된다.

5. 부작용

❶ 원추리 잎에는 독이 있어서 꼭 한번 데쳐 섭취할 수 있도록 한다.

❷ 뿌리를 다량 사용하면 시력에 손상을 입을 수가 있으므로 한 번에 40g 이상은 사용하지 않는다.

❸ 뿌리에는 독소가 있으므로 처방에 따라 복용하며, 말린 약재 기준으로 40g을 초과해서 사용하면 안 된다.

6. 섭취방법

❶ 원추리에는 독이 약간 있으므로 너무 많이 먹는 것은 좋지 않다.

❷ 약으로 쓸 때에는 뿌리와 잎을 그늘에 말려 가루 내어 찻숟갈로 하나씩 식전에 먹거나, 뿌리와 잎을 생즙 내어 먹는다.

❸ 뿌리를 물로 달여서 차처럼 마셔도 좋다.
❹ 관절염, 상처, 종기, 요통 등에는 뿌리나 잎을 찧어 붙이기도 한다.
❺ 봄철에 어린 싹을 데쳐 나물로 먹는다.
❻ 여름철에는 꽃을 따서 술을 담거나 김치, 튀김, 나물로 무쳐 먹기도 한다.
❼ 뿌리는 가을에 굴취하여 햇볕에 말리고 쓰기에 앞서서 잘게 썬다.

7. 손질방법 및 구매방법

❶ 원추리나물은 말려서 먹어야 하며 말린 나물을 찌거나 물에 데쳐야 독성이 물에 용해된다.
❷ 끓는 물에 삶은 후 2시간 정도 담가 독을 용해시킨다.
❸ 줄기나 뿌리는 말려서 보관하고 보관 시 온도가 높고 오래 묵을수록 비타민 C가 많이 발생한다.
❹ 초봄에 재래시장이나 마트를 가면 쉽게 구할 수 있다.

55 유근피

楡根皮

1. 특징

❶ 쌍떡잎식물이며 느릅나무과에 속한다.

❷ 분포지역은 한국, 일본, 사할린, 쿠릴 열도, 중국 북부, 동시베리아이며, 높이 20m, 지름 60cm의 크기로 자란다. 다른 이름은 춘유(春楡) 또는 가유(家楡)이다.

❸ 개화기는 4~5월이다.

❹ 바람에 의해 수분이 되는 풍매화이다.

❺ 유근피란 느릅나무과 느릅나무의 나무껍질 혹은 뿌리껍질이다.

❻ 느릅나무 중에서도 껍질 부위가 약성이 좋다고 알려져 있기 때문에 가지나 유근피의 잎과 가지보다는 뿌리의 껍질을 주로 사용하는 대표적인 약초이다.

2. 효능

❶ 회갈색의 코르크 층이다. 꺽은 면은 거치고 엷은 갈색이며, 섬유상의 가는 무늬가 뚜렷하다. 육질은 단단하고, 흑갈색의 가루가 있다.

❷ 해독작용이 있다. 그밖에 습을 다스리거나 이뇨제로 사용한다.

❸ 소화장애 개선

소화장애가 있는 분들은 밀가루 음식을 잘 소화시키지 못하는데, 유근피 가루를 넣어 먹으면 위의 소화작용을 돕기 때문에 밀가루 음식도 별 부담 없이 먹을 수 있다. 특히 만성위염으로 속쓰림을 달고 사는 사람에게 상당히 도움이 된다. 또한 음주 후 속쓰림에도 좋은데 위장병으로 인한 속쓰림엔 유근피 달인 물이 좋다.

④ 불면증 개선 효과

유근피에는 신경을 안정시키는 효과가 있어 부작용 없이 불면증을 개선시켜주는 역할을 한다고 알려져 있다. 불면증에 시달리는 사람들이 잠들기 전 유근피 차를 먹고 자면 숙면을 취할 수 있다.

3. 부작용

❶ 몸이 찬 사람이나 너무 마른 사람이 장기복용하는 것은 좋지 않다.

❷ 유근피는 단맛이 있어서 비만인들에게도 좋지 않다.

4. 섭취방법

유근피 차를 끓여 마시거나 물에 불린 유근피를 곱게 찧어 환부에 발라주면 좋다.

5. 보관방법 및 구매방법

❶ 변질을 막기 위해 냉장보관한다.

❷ 재래시장이나 한약방에서 구매할 수 있다.

56 으름

Akebia

1. 특징

❶ 생물학적 분류로는 식물계(Plantae), 피자식물문(Angiospermae), 쌍떡잎식물강(Dicotyledoneae), 으름덩굴과(Lardizabalaceae)에 속한다.

❷ 으름은 으름덩굴의 열매를 지칭한다. '한국의 바나나'라고 불리는데 모양도 바나나와 비슷하며 색깔을 엷은 황토빛을 띠고 열매의 길이가 짧은 것이 특징이다.

❸ 으름덩굴과의 식물로 전 세계에 약 20여종이 존재하며, 우리나라에 있는 2~3종은 황해도 이남에서 자라며 주로 중부, 남부, 제주도 지역의 산지에 존재하고 길이 5m 정도까지 자라는 으름덩굴과의 낙엽성 덩굴나무로 안면도, 속리산 및 장산곶에서 많이 발견된다.

❹ 꽃은 4~5월에 잎겨드랑이에서 꽃대가 나와 자갈색으로 피고 열매는 9~10월에 자줏빛을 띤 갈색의 바나나 모양으로, 완전히 성숙되면 열매껍질이 벌어지며 열매의 살과 종자가 드러난다.

❺ 지방에 따라 부르는 이름이 다양하여 열매가 쩍 벌어진 모습에서 얻게 된 별명이 임하부인이고 그밖에도 월하부인, 월하미인이라고도 불린다.

❻ '꿀같이 달다'는 의미의 '멀꿀'은 남부 해안에서 군락을 이루어 자생하는 으름덩굴과 상록덩굴식물로, 4~5월 중순께 흰색 꽃이 피고 가을에 검붉은 색의 열매를 맺는 식물이다.

❼ 주로 열매는 식용하고 줄기나 뿌리에는 스타운토닌이 함유되어 있어 강심제나 이뇨제로 이용한다. 10월에는 길이 5~10cm의 달걀형 또는 타원형의 장과가 달려 적갈색으로 익는다. 과육은 노란색이고 씨는 검은색이며 열매 하나에 100개 이상의 많은 씨가 존재한다.

❽ 고홍 등 전남 남부 해안에서 자생하는 멀꿀 열매가 국내 최초로 식품의약품안전청으로부터 식품원료로 승인되었다.

❾ 주로 계곡과 산기슭 부분의 물이 많고 비옥한 토양에서 다른 나무를 감아 오르며 생장하면서 종자로 번식을 하는데 가을에 종자를 채취하여 저장하였다가 이른 봄에 파종을 한다. 열매의 맛은 달콤하고 독특한 향미가 있어 식용으로 사용한다.

⑩ 한방에서는 뿌리와 줄기 말린 것을 '목통'이라 하여 이뇨와 통경 등의 약재로 사용한다. 민간에서는 열매의 껍질을 말린 후 차로 이용하며 숙취해소에 탁월하다고 알려져 있다. 줄기는 질기고 강하여 바구니와 같은 생활용구의 재료로 쓰이며, 줄기를 삶은 물은 천연염료로 사용한다.

⑪ 으름은 지난 1984년 스페인 바르셀로나 올림픽 때 세계 각국의 나무를 그곳 올림픽 공원에 심었는데 그때 보낸 한국을 대표하는 5종의 자생수종 가운데 하나가 바로 으름이다.

2. 영양성분표

성분	함량
나이신	5.70mg
나트륨	5.70mg
단백질	2.00g
당질	6.80g
레티놀	0.00㎍
베타카로틴	39.00㎍
비타민 A	7.00㎍RE
비타민 B_1	0.06mg
비타민 B_2	0.04mg
비타민 B_6	0.08mg
비타민 C	31.00mg
비타민 E	0.80mg
식이섬유	1.10g
아연	0.10mg
엽산	2.30㎍
인	269.00mg
지질	12.90g
철분	3.40mg
칼륨	418.40mg
칼슘	6.00mg
콜레스테롤	0.00mg
회분	1.00g

니아신	비타민 B군, C	베타카로틴	비타민 A, E
아세트알데히드를 분해하기 위해 필요한 성분, 숙취해소에 도움, 신경 및 뇌기능이 정상적으로 활동하는 데 필요한 비타민	스트레스 해소 및 피로 회복, 자양강장, 면역력에 도움	항산화 효과, 유해산소 예방, 피부 노화방지 효과	지용성 비타민으로, 암 예방 및 세포막 구성

3. 성분 및 효능

❶ 중국의학에서는 젖의 분비, 월경, 발한, 혈액순환 자극 간을 부드럽게 하고 피부의 염증을 치료한다. 함유된 칼륨은 비뇨기 질환에 도움을 주며 분비물 억제의 이뇨제로 사용되고, 소화관의 근육을 강하게 하며, 또 수종, 관절염, 신경통의 치료제로 쓰인다.

❷ 이뇨작용에 탁월하며 배뇨 곤란, 배뇨통, 빈뇨 등을 동반하는 급성 요도염을 비롯하여 각기나 신장염 등에 의한 부종을 다스린다. 5가지 임병을 다스려 소변을 잘 배출되게 한다.

❸ 모유분비를 촉진시키며 산모의 모유가 부족하거나 유선염 등이 생겼을 때 섭취하게 되면 모유분비를 촉진하는 효과가 있다.

❹ 심장과 소장의 열을 떨어뜨리고 입안이 잘 헐고 인후부가 타듯이 아플 때, 숙면을 잘 취하지 못하는 심장의 화기를 다스린다. 열을 내리고 몸을 차게 다스려 '화'에 능통하다.

❺ 억균 및 항염 작용을 하며 그람양성간균, 적리균, 피부진균 등을 억제하는 효과가 있다. 또한 종양세포의 생장을 억제하는 효과가 있다.

❻ 고혈압에 도움을 주며 팔미틴, 올레인, 리놀레인 성분이 함유되어 있어 혈압을 낮추는 효과가 있다.

❼ 씨앗의 효능으로는 머리를 맑게 하여 앞일을 미리 알 수 있는 능력이 생긴다 하여 '예지자'라는 이름도 생겼다. 이는 암세포에 대하여 90% 이상의 억제효과가 있으며 씨

앗에 들어 있는 기름에 올레인, 리놀레인, 팔미틴 등의 성분이 혈압을 낮추고 염증을 없애며, 갖가지 균을 없애는 효능을 지녔다.

❽ 뿌리의 효능으로는 거풍, 이뇨, 활혈, 류머티스에 의한 관절염, 소변 곤란, 위장장애, 헤르니아, 경폐, 타박상 치료 등에 광범위하게 이용된다. 특히 이질균과 폐결핵균에 잘 듣는 것으로 전해오는 약재이다.

❾ 『동의보감』에 의하면 열매를 말린 것은 온몸의 12경락을 잘 통하게 한다고 하여 '통초'라고도 하며, 맺힌 것을 풀어주는 성분이 있다고도 전해진다. 단, 허하여 땀을 많이 흘리거나, 설사나 비위가 약한 사람은 금하는 것이 좋다.

4. 구입

❶ 생과로 구입할 때에는 으름의 과육이 잘 보이며, 입이 쩍 벌어진 것을 구매한다.

❷ 입이 덜 벌어진 것을 구매 시, 덜 숙성된 것이므로 구매 후 후숙을 시켜준다.

❸ 입이 많이 벌어진 것은 섭취할 수 있는 적정기를 넘어선 것이므로 구입하지 않는게 좋다.

❹ 주로 말린 열매를 약재시장에서 많이 유통하며, 줄기, 뿌리 등도 말려서 많이 유통한다.

5. 보관

❶ 보관온도는 10~15℃ 정도의 서늘한 상온(냉암소)에서 보관한다.

❷ 생과일의 경우에는 껍질의 입이 벌어지면 일주일 정도까지 보관 후 섭취가 가능하다.

❸ 말린 것을 보관할 때에는 최대 1개월 정도까지 보관 후 섭취한다.

❹ 습기에 주의하며 직사광선을 피하여 잘 밀봉하여 보관하는 것이 적당하다.

6. 섭취방법

❶ 줄기

햇볕에 바싹 말려두었다가 신장염 혹은 방광염으로 몸이 부었을 때, 하루에 10~15g 정도씩 물 400cc에 우려내어 하루 세 번 나누어 마시면 효과가 좋다.

❷ 껍질

뜨거운 햇볕에 수분기가 아예 없이 바싹 말려 차로 우려내어 섭취한다. 눈이 안좋거나 눈병이 있을 때 치료에 도움을 준다.

❸ 뿌리

으름나무의 뿌리를 씻어 두꺼운 껍질을 벗겨서 잘게 썬 후 2~3일 건조시킨 것을 하루 1~2그램 정도씩 감초를 약간 섞어서 4홉의 물을 넣고 반이 될 때까지 졸여서 세 번에 걸쳐 식전 공복에 복용한다. (동의보감)

❹ 으름덩굴 잎

으름의 잎은 말려 볶아서 차로 섭취하게 되는데, 수유부의 젖이 잘 나오지 않고 부족할 때 차를 마시면 효과가 좋다.

57 작두콩

刀豆

1. 특징

❶ 도두(刀豆) 또는 협검두(挾劍豆)라고 불린다.

❷ 식용으로 접하는 콩 중에서 제일 큰 콩이다.

❸ 씨앗의 색깔은 흰색, 붉은색, 검은색 등이다.

❹ 열대, 아열대 지방이 작두콩의 원산지이다.

❺ 6~7월에 꽃이 피며 8~10월에 걸쳐 열매인 깍지(꼬투리)를 맺고 늦가을에 열매가 익는 한해살이 덩굴성 식물이다.

❻ 작두콩은 콩 중에서 가장 큰 콩으로 꼬투리 길이가 20~30cm이고 콩 중에서는 제일 크다.

❼ 잎은 세 개의 달걀모양 쪽잎으로 된 겹잎으로 흰색 또는 연한 붉은색의 꽃이 피며 열매는 활 모양의 구부러진 꼬투리로 모양이 작두 같다 하여 작두콩이라 불린다.

❽ 작두콩은 고온작물로써 따뜻한 지역(아열대, 열대)이 재배지로 적합하며 시설 하우스 재배가 더 낫다.

❾ 색도(밝기)의 경우 작두콩, 백태, 강낭콩을 비교했을 때 작두콩의 색도가 가장 높은 것으로 나타난다.

❿ 국내에서 재배되는 작두콩의 항산화 효능에 대해 연구된 바 있으며 특히 작두콩 추출물에는 페놀성 화합물인 플라보노이드의 함량이 다른 콩과 식물에 비하여 높게 나타났다.

⓫ 차로 가공했을 때 탄수화물과 조지방 함량이 낮고, 우리 인체에 유용한 비타민 B_1, B_2, C, 니아신 함량이 높은 것으로 나타나 향후 이용가치가 크게 향상될 것이다.

2. 영양성분

❶ 작두콩은 urease, 혈구응집소(PHA), canavanine이 함유되어 있고, 비타민 A, B_1, B_2, C, niacin 등이 풍부한 편이다. 그 중에서도 비타민 C의 함량이 다른 콩에 비해서 가장 높게 나타난다.

❷ 콩알－축농증, 비염, 치조농루, 치통, 치질, 치루, 탈항, 화농성 질환, 염증성 질환 등에 이용된다.

❸ 깍지－식체, 만성설사, 월경중단, 임파선의 멍울치료에 이용된다.

❹ 뿌리－두통, 요통, 등골통, 타박상 등에 이용된다.

❺ 줄기와 잎－만성변비, 천식, 위와 장의 병, 신장염 등에 이용된다.

	총열량(kcal)	탄수화물(g)	단백질(g)	지방(g)	식이섬유(g)	수분(g)
작두콩(마른것)	347.00	57.40	26.30	1.00	23.90	12.00
작두콩(생것)	126.00	21.50	9.00	0.30	11.20	68.00
강낭콩(마른것)	354.00	63.90	21.20	1.10	19.30	10.40
강낭콩(생것)	169.00	29.20	10.00	1.20	24.30	57.70
완두콩(마른것)	367.00	67.10	20.70	1.30	17.40	8.10
완두콩(생것)	79.00	13.20	5.80	0.30	5.00	79.90

3. 효능

❶ 장과 위를 보호하고 속을 따뜻하게 하며 신장의 기능을 돕고 원기를 보호한다. 종기나 치질, 화농성 질환(염증성 질환)에 효과가 있다.

❷ 맛은 달고 성질은 따뜻하다. 위경, 대장경에 작용한다. 중초를 덥혀 주고 기를 내리며 신기를 보한다. 약리실험에서 항종양 활성을 나타낸다. 허한성 딸꾹질, 구토, 헛배 부름, 신허요통, 가래, 기침 등에 쓴다. 하루 9~15g을 부스러뜨려 달여 먹거나 거뭇거뭇하게 볶아서 가루 내어 먹는다.

작두콩깍지는 딸꾹질 및 구토, 이질에 쓰며, 뿌리는 머리와 허리 통증, 이질, 타박상에 쓴다.

❸ 작두콩 추출물 중 암세포의 50%를 죽일 수 있는 효능인 IC50은 낮은 농도에서도 저해활성이 뛰어나 한국 성인남자의 간암 예방치료에 효과가 가장 크다.

4. 보관방법

❶ 서늘하며 건조하고 어두운 장소에 보관한다. 대체적으로 다른 종의 콩들과 보관방법은 유사한 편이다.

❷ 작두콩을 심을 때는 아무렇게나 심으면 안 되고 반드시 콩알의 눈(검은선)이 땅 밑쪽으로 향하게 심어야 한다.

Tip 작두콩의 영양성분이 다른 콩들에 비해서 우수한 점이 있는데 대중적으로 사람들에게 알려지지 않은 이유는?

『조선왕조실록』(성조 22년) 승정원일기 1월 24일에 기록으로 작두콩에 대한 설명이 적혀 있었다.

작두콩의 재배 역사는 고려시대 이전에 재배가 되었으며, 조선시대에 고려말살정책으로 작두콩을 궁중에서 약용으로만 재배하는 글이 적혀 있었다. 위의 말처럼 궁중에서 약용으로만 재배를 하였기 때문에 백성들은 작두콩을 볼 수가 없을 뿐더러 재배가 불가능했다.

그렇기에 지금까지 사람들이 작두콩이 무엇인지 잘 알 수 없었던 것이다.

58 지치

芝草

1. 특징

❶ 원산지는 동부아시아이며 한국, 중국, 일본 등에서 관측된다.

❷ 색소는 아세틸시코닌 때문에 자주색(紫朱色)을 나타낸다.

❸ 꽃은 5~6월경 개화하는데 7~8월까지 흰 꽃으로 있고 씨앗은 꽃이 지고 하얗게 달린다.

❹ 지치의 뿌리는 한의학에서는 자초(紫草)라는 약재로 쓰인다.

❺ 줄기는 높이가 30~70cm의 길이로 자라며, 잔털이 많다.

2. 영양성분표

성분	함량	성분	함량
수분	93g	구리	0.13mg
단백질	1.8g	셀레늄	0.9μg
지방	0.7g	비타민 A	210RE
탄수화물	3.06g	레티놀(IU)	4200IU
회분	1.44g	판토테산	0.04mg
칼슘	93mg	티아민	0.06mg
인	53mg	리보플라빈	0.15mg
철	3.3mg	니아신	0.9mg
나트륨	80mg	비타민 C	35mg
칼륨	470mg	비타민 B_6	0.08mg
마그네슘	52mg	포화지방산	0.17g
망간	0.35mg	단일 불포화지방산	0.21g
아연	0.2mg	다가 불포화지방산	0.11g

> **Tip** 시코닌은 지용성
> 시코닌은 신선한 뿌리에서는 대부분 아세트산, 이소부티르산, 이소길초산과 같은 지방산과의 에스테르 화합물로 존재한다. 지치의 건조근을 지치뿌리(紫根)라고도 하는데 시코닌 유도체 1~1.5%를 포함하고 있어 일찍이 한방약으로 자운고와 배합하여 화상, 창상, 습진, 궤양, 치질한 등의 치료제로 사용해 왔다.

❶ 지치의 성분은 대부분의 식물과 같이 수분 함량이 높다.
❷ 칼륨 함량이 높아 나트륨-칼륨 펌프작용으로 몸 속에 있는 나트륨을 배출할 수 있다.

3. 효능

❶ 지치의 뿌리에서 항암효과를 얻을 수 있다.
❷ 항균작용으로 염증을 없애 새살을 돋아나게 하는 작용을 얻을 수 있다.
❸ 염색제로 사용을 하는데 뿌리에서 추출된 시코닌 색소로 인해 적자색 색소가 나온다.
❹ 인해관절염 치료 및 붓기를 빼는데 효능을 가지고 있다.
❺ 약용식물인 자조(지치의 생약명)의 뿌리에서 추출되는 적자색의 색소, 항균·항염작용이 있다.

> **Tip** 시코닌이란
> 시코닌이란 우리나라를 비롯한 일본과 중국에서 자라는 자초뿌리에 있는 성분으로서 천연 보라색 색소이고 항균작용, 함염작용, 화상치료를 할 수 있다. 그러나 재배하기가 어렵고 시코닌은 뿌리에 축적될 때까지는 5년이나 걸려 추출량이 매우 적은 편이다. (10년 이상 되어야 시코닌 함량이 높아져서 가장 섭취하기 좋은 상태가 된다.)
> 지용성이 높아 물에는 거의 녹지 않는다. 그러나 약 알칼리 조건에서는 물에 녹는다. 그러므로 중성인 물보다는 약 알칼리를 나타내는 물을 사용하는 것이 좋다.

4. 섭취방법

❶ **여성의 냉증** : 지치를 잘게 썰어 기름에 넣고 24시간 이상 약한 불로 끓여서 한 번에 밥순갈로 두 순갈씩 하루 세 번 밥 먹고 나서 먹는다. 여성의 냉 대하, 무릎이 차갑고 힘이 없을 때, 신경통 등에 효험이 크다.
❷ **두통** : 지치를 가루 내어 한 번에 밥순갈로 하나씩 3~4번 먹는다.
❸ **변비, 고혈압, 동맥경화, 중풍** : 지치를 가루 내어 한 번에 두 순갈씩 하루 3~4번 더운 물이나 생강차와 함께 먹는다.

❹ 위장이나 뱃속에 딱딱한 덩어리 생김 : 지치를 가루 내어 술과 함께 먹는다. 한번에 한 순갈씩 하루 3~4번 먹는다.

❺ 비만증 : 지치 가루를 한 번에 한 숟갈씩 하루 세 번 먹는다. 5개월쯤 먹으면 정상적인 체중으로 몸무게가 줄여든다.

❻ 소화가 잘 안되고 몸이 부을 때 : 생지치를 잘게 썰어 토종꿀에 이틀쯤 끓여서 한 순갈씩 수시로 떠먹는다. 토종꿀에 끓이는 것은 지치의 찬 성분을 없애기 위해서이다.

❼ 어린아이의 경기 : 참기름에 지치를 넣고 달여서 한 순갈씩 떠서 먹인다.

❽ 두통이나 소화불량 : 지치를 술에 담가 마시면 즉효가 있다. 한 번에 소주잔으로 두 잔씩 하루 세 번 마신다.

❾ 동맥경화나 고혈압 : 지치 가루를 더운 물에 달여 먹는다. 한 번에 한 순갈씩 하루 세 번 먹는다.

5. 보관방법

❶ 솔 같은 것으로 뿌리에 붙은 흙을 털어내고, 그늘에서 말린다.

❷ 말린 지치는 듬성 듬성 썰어 통에 담아 보관한다.

❸ 생 지치는 캐고 난 뒤, 곧바로 신문지에 싸서 냉장보관한다. 말린 지치는 오래 보관해도 변질의 우려가 없다.

6. 장단점

❶ 장점

① 항암효과, 항균효과

② 여성의 냉증

③ 두통, 변비, 고혈압, 동맥경화 치료 효과

④ 위장이나 뱃속에 있는 딱딱한 덩어리 제거

⑤ 비만증 치료가능

⑥ 고혈압 치료

⑦ 붓기 제거

❷ 단점

① 찬 성분이므로 몸이 찬 사람들은 섭취를 자제하는 것이 좋다.

② 여성이 많이 먹을 시 불임 가능성이 높다.

③ 장운동을 활발하게 하여, 설사가 있는 사람들은 자제하는 것이 좋다.

Q&A

1. 지치 끓이는 것과 수돗물

지치 안에는 시코닌이란 성분이 있다. 이 성분은 지용성이며 수용성인 물로 차를 만들 시에는 시코닌이 물속으로 우러 나오지 못한다. 그러나 시코닌은 약 알칼리성 물에서는 녹는 성분이 있으므로 약 알칼리성 물을 이용해 끓이면 된다.

수돗물이 약알칼리성이므로 수돗물을 이용하여 끓이면 된다. (수돗물이 약 알칼리성인 이유는 수돗물을 소독 시 염소로 소독하므로 알칼리성을 가진 물로 바뀐다.)

2. 지치를 끓일 때 적정 온도는 몇 도인가?

시코닌이라는 성분은 70도를 넘어가면 파괴된다. 그러므로 70도를 넘지 않은 온도에서 은은하게 끓이면 된다.

59 차요테

佛手瓜

1. 특징

❶ 박과이며 1년생 식물이다.

❷ 재배 : 3~4월 육묘, 5월 정식, 수확은 10월부터이다.

❸ 박과에 속하는 덩굴손을 가지는 덩굴식물이다.

❹ 차요테 호박은 멕시코 남부와 중앙아메리카가 원산지인 여름호박으로 아시아, 멕시코, 코스타리카 등지에서 많이 생산된다. 열은 녹색으로 배나 사과처럼 생겼고 길이는 대략 10~20cm로서 중간에 깊은 이랑이 있는 것이 특징이다.

❺ 차요테 호박은 나라에 따라 사요태(sayote), 타요타(tayota), 초초(chocho), 차우-차우(chow-chow), 크레스톤페네(christophene), 밀링톤(mirliton), 알리게이터 배(alligator pear), 채소 배(vegetable pear) 등으로 불리고 오스트리아에서는 초코(choko)라고 부른다. 이 호박은 열매보다 큰 잎이 있으며, 먹을 수 있는 커다란 씨가 있다.

2. 재배

❶ 고온성으로 22~25℃ 이상이 아니면 생육이 잘 안 된다.

❷ 생육기간이 6~8개월로 길고 단일성이라서 초가을이 아니면 개화, 결실이 안 되므로 온난지가 아니면 기르기 어렵다.

❸ chayote의 열매는 300~500g으로 크고 딱딱하며 열매 끝에 큰 씨앗이 1개만 들어 있는 특이한 작물이다.

❹ 따뜻한 지역에서 겨울에 시들지 않으면 포기나누기로 증식할 수도 있다.

⑤ 우리나라에서는 2009년 제주도에서 재배에 성공하여 제한적으로 생산되고 있다.

3. 효능

① 엽산과 비타민 C, 마그네슘 등 미네랄이 풍부하고 칼륨이 다량 함유되어 있어 여성의 피부에 좋다.

② 당뇨와 고혈압에 효능이 있으며, 섬유질이 많아서 변비나 소화작용에도 좋은 효과를 볼 수 있다.

60 처빌

Anthris cuscerefolium

1. 특징

❶ 처빌은 파슬리와 비슷한 1년생 초본이다.
❷ 밝은 녹색을 띠는 얇은 잎은 감미로운 향을 가졌고, 어린 잎은 샐러드에 넣어 생식하고 생선의 비린내를 없애준다.
❸ 처빌은 미나리과의 한해살이 풀로 유럽과 서아시아가 원산지이다. 허브의 하나이며 미식가의 파슬리라고 불리기도 한다.
❹ 재배 역사가 아주 오래된 허브 중 하나로 중세에는 '처녀'라는 애칭으로 불리기도 하였다.
❺ 파종 후 약 한 달 반 정도만 지나면 수확할 수 있어서 유럽에서는 오래 전부터 희망의 허브라 하여 사순절에 제일 먼저 먹는 풍습이 있다.
❻ 번식은 씨뿌리기로 하며 주로 이용하는 부위가 잎인데, 꽃이 피면 잎의 풍미가 떨어지기 때문에 꽃눈을 따주어야 한다.

2. 효능

❶ 처빌은 상처나 염증에 치료효과가 있다.
❷ 벌레 물린 곳이나 거친 피부를 부드럽게 하고자 할 때도 사용한다.
❸ 탈모나 주름살 방지에도 효과가 있다.
❹ 정혈, 이뇨작용, 저혈압에 효과가 있다.
❺ 비타민 C, 카로틴, 철, 마그네슘 등이 다량 함유되어 있어서 차로 마시면 소화를 촉진한다.
❻ 관절염의 찜질약으로 이용되기도 한다.
❼ 차로 마시면 소화를 촉진시키는 효능이 있다.
❽ 탈모나 주름살 방지에 효과가 있다.

3. 재배

여름에 씨앗을 뿌리면 가을에 수확할 수 있다. 잎은 필요할 때마다 수시로 잘라 이용한다.

61 초과

草果

1. 특징

❶ 초과자(草果子), 노구(老), 초과인(草果仁)이라고도 불린다.

❷ 초과(草果)는 초과 열매를 한약재로 사용하며 초두구(草荳寇)와 구별한다.

❸ 5~6월에 흰 꽃이 피며, 가을에 열매가 붉게 익는다.

❹ 원산지는 중국의 운남성, 광서성, 귀주이다.

❺ 국내에는 없는 수입 약재이다.

2. 초과(草果)와 초두구(草荳寇) 차이점

	초과(草果)	초두구(草荳)
형태	긴 구형 3개의 능선	씨가 모여서 된 원구형
크기	길이 20~40mm 지름 10~25mm	지름 15~27mm
색상	바깥면: 회갈색~적갈색	바깥면: 회갈색 가운데: 회백색의 격막

3. 효능

❶ 조습온중(燥濕溫中)

습진 것을 말리고 중초(中焦 : 횡격막에서 배꼽 부위)를 따뜻하게 해주는 치료 방법, 소식(消食) 음식을 소화시키는 효능이다.

❷ 제담절학(除痰截虐)

담(痰 : 장부의 진액이 일정 부위에 몰려 걸쭉하고 탁하게 된 것, 가래를 제거하고 학질(瘧疾 : 몸을 떨며, 주기적으로 열이 나는 병)을 그치게 하는 효능이다.

❸ 화해삼초(和解三焦)

삼초(三焦 : 목구멍에서 항문까지)의 기능을 조화롭게 만드는 효능이다.

❹ 조습건비(燥濕健脾)

조습(脾臟)의 기능을 강화시켜주는 치료 방법이다.

❺ 온중지구(溫中止嘔)

중초(中焦 : 횡격막에서 배꼽 부위)를 따뜻하게 하고 구토(嘔吐)를 가라앉히는 효능이다.

4. 주의사항

❶ 기혈양허(氣血兩虛 : 기와 혈이 모두 허한 상태. 심장 두근거림, 어지럼증 등이 나타남), 한습(寒濕 : 한사와 습사, 피부와 근육이 아프며, 관절이 뻣뻣해지고 저리면서 아픔)의 실사(實邪 : 사기(邪氣 : 악한 기운)에 의해 병이 발생하는 것)가 없는 사람은 복용을 금한다.

❷ 온조상음(溫燥傷陰 : 따뜻하고 건조한 기운이 체내의 영양물질을 상하게 함)하므로 음허혈소자(陰虛血少者 : 음액(陰液)과 혈(血)의 소실이 많은 자)와 진액부족자(津液不足者 : 인체의 생명활동에 필요한 각종 수액(水液)이 부족한 자) 및 무한습자(無寒濕者 : 피부와 근육이 아프며, 관절이 뻣뻣해지고 저리면서 아픈 자)는 복용을 금한다.

5. 영양성분표

(영양성분 100g 기준)

성분	함량
니아신	1.00mg
나트륨	5.00mg
단백질	1.30g
당질	10.30g
레티놀	0.00㎍
베타카로틴	0.00㎍
비타민 A	0.00㎍RE
비타민 B_1	0.03mg
비타민 B_2	0.04mg
비타민 B_6	0.16mg
비타민 C	7.00mg
비타민 E	0.20mg
식이섬유	2.76g
아연	0.40mg
엽산	5.00㎍
인	28.00mg
지질	0.20g

철분	0.80mg
칼륨	300.00mg
칼슘	13.00mg
콜레스테롤	0.00mg
회분	1.10g

6. 섭취방법

초과(草果)는 한방 약재로 사용함. 불순물을 제거하고, 건조시켜 볶은 후 찧어서 사용하거나 즙을 내어 사용한다.

62 초석잠

草石蠶

1. 특징

❶ 가을 땅속 3~6cm에 굵은 괴근을 착생한다.

❷ 지하의 덩이진 뿌리를 식용한다.

❸ 뿌리 자체는 담백한 맛으로 육질을 씹어보면 사근사근 씹히면서 단맛이 있다.

❹ 초석잠(골뱅이형) 이명 : 감로자, 적로, 감로아, 지잠, 토충초, 지고우초, 지유, 토용, 보탑채, 와아채가 있고, 5~6월에 개화한다.

❺ 쉽싸리(택란) 이명 : 소택란, 호란, 지과야목, 호포, 산란, 지상, 지순, 개조박이, 지과인묘가 있고, 7~8월에 개화한다.

2. 역사

❶ 중국이 원산지이며 13세기에 재배가 시작되었다. 중국어로는 차오스산이라고 한다. 중국의 하북, 산성, 강소, 안휘, 사천, 절강 등지에 분포되고 있다.

❷ 일본에서는 에도시대에 들어와 재배하기 시작하였다. 초석잠(소우세끼상)을 한자로 천대여목 또는 쵸로기라고 부르는데, 오래 살고 늙지 않게 하며 기쁨을 주는 장수식품의 뜻이다. 두루미냉이, 장로목이라고도 불린다.

❸ 한국에서는 초석잠이라고 불리지만 최근에 알려지게 되어서 한국에서는 택란과 많이 혼동하여 한약재로 사용하였으며, 근래에 초석잠의 효능을 알게 되어 식용으로 많이 사용하고 있다.

3. 효능

❶ 치매 예방

초석잠에 함유되어 있는 콜린과 페닐에타노이드라는 성분으로 인해 뇌에 기억력 향상과 창의력, 집중력을 향상시켜 치매를 예방할 수 있다. 치매 예방 효과를 높이기 위해서는 생으로 섭취하는 것이 좋다.

※ 콜린 : 뇌 활성화 물질을 전달하는 역할(비타민 B 복합체)

※ 페닐에타노이드 : 뇌세포를 활성화시켜주는 물질

❷ 모든 타박상에 좋다.

산혈은 파혈과 성질이 같으며 지통은 글자 그대로 통증을 멎게 한다는 것이다. 이 산혈, 지통작용으로 미루어 볼 때 초석잠은 타박상에 좋은 것이다.

❸ 오장 기능을 정상화한다.

화오장이라는 말은 폐금, 신수, 간목, 심화, 비토 사이에 상극이 안 되게 하고 상생이 되게 한다는 것이다. 오장은 오행이 기를 분유하며 초석잠은 특정 장기만을 위하는 것이 아니라 내장 전체의 조화를 이루게 하여 일상적으로 자주 먹으면 무병장수에 기여하는 것이다.

4. 영양성분표

(영양성분 100g 기준)

폐기율	열량	수분	단백질	지질	탄수화물		회분	무기질	
					당질	섬유		칼슘	인
0	78kcal	78.9g	4.4g	0.8g	12.6g	0.7g	2.6g	31mg	41mg
무기질			비타민						
철	나트륨	칼륨	A		E_1	B_1	B_2	니아신	C
			β-카로틴	A 효력					
0.3mg	900mg	40mg	0mg	0IU	9μg	0.03mg	0.05mg	0mg	0mg

초석잠의 주성분은 탄수화물이지만 이 탄수화물은 감자 같은 전분이 아니라 모두 '올리고당' 이며 올리고당이 장 속의 유익세균을 길러 장의 기능을 좋게 한다는 사실은 잘 알려져 있다. 장의 기능이 좋아지면 영양소의 흡수도 좋아진다. 더욱 중요한 것은 장내세균전에 이기는 길이기도 하다. 장이 깨끗해지면 첫째로 뇌기능이 정상화되는데, 뇌세포를 활성화시키고 강화하는 물질이 초석잠에 있다는 것이다.

5. 보관방법

❶ 초석잠은 씻지 말고 밀폐용기나 지퍼팩에 넣어 냉장고 야채 보관함에 보관하며 3개월간 보관 가능하다.

❷ 초석잠을 살짝 쪄서 햇볕에 바짝 말린 후 냉동실에 보관하면 몇 년 동안 보관할 수 있다.

❸ 종자 보관을 하려면 30cm 가량 땅을 파고 그물망에 종자를 넣어 보관하다가 날씨가 따뜻해지는 3월에 꺼내어 다시 땅에 얕게 묻어 보관하는 방법이 있다.

❹ 초석잠을 오래 보관하는 방법으로는 햇볕에 바짝 말린 후 분말을 내어 보관하면 오랜 시간 동안 보관할 수 있다.

6. 부작용

❶ 몸이 과도하게 허한 사람은 주의해서 복용해야 한다.

❷ 여성의 자궁을 수축시키는 경향이 있기 때문에 임산부들은 피하는 것이 좋다.

❸ 초석잠을 너무 많이 먹으면 배탈이 날 수가 있다. (하루 200g 섭취 권장)

❹ 올리고당 함량이 높고 섬유질을 함유하고 있어서 과다섭취 시에는 설사를 할 수 있다.

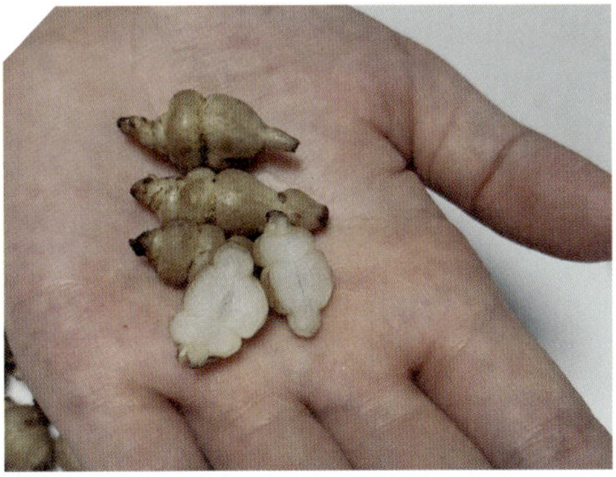

63 치아시드

Chiaseed

1. 특징

❶ 치아(chia)라는 식물의 씨앗이다.
❷ 사루비아과(科)의 1년생 아열대성 식물이다.
❸ 중미(中美)가 원산지이다.
❹ 고대 아즈텍인들의 3대 주식 중 하나이다.

2. 영양성분표

성분	함량
열량	60kcal
지방	4g
탄수화물	4g
식이섬유	4g
단백질	2g
칼슘	64mg
철분	1mg
마그네슘	40mg
오메가-3	2.4g
오메가-6	0.8g

3. 효능

❶ 수분 흡수 : 자기 크기의 10배나 되는 수분을 흡수해 만족감을 증대시키고 흡수된 수분을 이용하여 지방을 태운다.
❷ 식이섬유 : 25% 가량은 함유하고 있는 식이섬유는 장에서의 통과시간을 증가시켜 깨끗하게 해주고, 공복감을 해소시킨다.
❸ 에너지 지속 : 탄수화물의 변환시간 지연으로 섭취한 음식물에 비해 혈당을 오래 지속시켜 배고픔을 느끼지 않는다.
❹ 영양소가 매우 풍부하여 주기적으로 먹는다면 다른 영양제 못지 않은 효능을 갖는다.

❺ 피부에 미치는 효능이 있다. 치아시드가 물에 닿으면 젤라틴을 형성하고 젤라틴이 피부에 수분을 공급한다. 항산화제인 토코페롤로 인해 노화방지에 효과적이다.

4. 부작용

❶ 식이섬유 때문에 속이 불편함을 느낄 수도 있다.

❷ 저혈압이나 혈우병을 앓고 있는 사람들은 자제하는 것이 좋다.

❸ 수분을 흡수하는 성질이 강하기 때문에 자칫 복부통증이나 체내 수분 부족이 일어날 수 있다. 충분한 수분 섭취는 필수이다.

❹ 무엇보다 한 번에 너무 많은 양을 섭취하는 것은 좋지 않고 용법, 용량에 맞춰서 사용하는 것이 좋다.

5. 보관방법

❶ 습기에 취약하므로 개봉 후 지퍼팩을 꼭 닫아주어야 한다.

❷ 습기가 있는 손을 지퍼팩 안으로 넣지 않도록 주의한다.

❸ 직사광선이나 고온다습한 장소를 피하여 보존하여야 한다.

❹ 개봉 후에는 가급적 빨리 섭취한다.

6. 섭취방법

❶ 보통 치아시드는 요플레나 주스에 타 마시거나 물에 불려서 그대로 먹는 것을 추천한다.

❷ 이 외에도 쿠키나 빵을 만들 때 치아시드를 함께 넣는 것도 좋은 방법이다.

❸ 시리얼, 수프, 죽 등에 뿌려 먹는 등 치아시드를 먹는 방법은 다양하다.

Q&A

1) 하루 적정량은?

하루 권장량은 20g 이하로 1회 섭취 시 5g 정도이다.

(많은 양을 한번에 섭취 시 물을 흡수하는 성질이 있어 위에 부담을 주고 복통을 일으킬 수 있다.

2) 3대 주식

아즈테카제국 시대에 살던 사람들의 주식이다.

이 문명은 말이나 소, 쟁기 등이 전혀 없어서 모든 일을 손으로 해야만 했고, 유럽에서 돼지가 들어오기 전까지는 기름진 음식이 별로 없었다. 대부분 농작물을 심어서 섭취했다. 주식은 농작물인 옥수수, 치아 등이었고, 치아에서 짜낸 기름은 거의 유일한 기름진 성분이였다. 많은 영양소 때문에 몸에 활력을 불어넣는 치아시드를 심어서 먹을 수 있는 작물을 주식으로 삼았던 것 같다.

3) 치아시드 성분과 생성되는 곳

치아시드 성분은 젤라틴이 아니라 젤라틴화가 된 것일 뿐이다.

젤라틴은 투명한 색을 띠는 단백질이고, 뼈나 가죽을 알칼리로 처리하여 얻는 것이라 식물에서는 얻을 수 없다. 이 젤 성분은 외피가 수용성 섬유로 되어 있어 이 부분이 물을 흡수하는 것이다.

4) 치아란?

일반적으로 치아로 알려진 salvia hispanica는 민트꽃 식물의 종이다.

경제사학자들이 식품작물로 옥수수만큼 중요하다고 보고 있는 식물 중 하나이다.

이 치아의 씨앗은 상당한 영양소를 함유하고 있어 식용 가능하고 치아를 이용해 기름을 추출해낼 수 있다.

5) 씨앗 vs 발아되었을 때

씨앗일 때도 영양성분이 좋지만, 씻고 불려 발아를 시키면 흐물해져 소화가 쉽고 영양소도 두 배가 된다고 한다.

치아시드나 현미 등 기능성 식품들은 단백질이나 기타 영양소가 많지만 단단해서 소화하기가 어려워 발아해서 먹는 것이 좋다고 한다. 싹을 틔워 샐러드로 섭취하는 것도 좋은 방법 중 하나이다.

64 카다멈

Cardamom

1. 특징

❶ 카다멈 또는 카르다몸이라 불린다.

❷ 생강과에 속하는 식물의 종자에서 채취한 향신료이다.

❸ 원산지는 인도이며, 카르다몸 언덕이라 알려진 인도 서남부 말라바 해안의 가트산에서 많이 자생하고 있다.

❹ 8세기경 인도에서 처음 사용되었으며, 13세기경 유럽으로 넘어가, 현재 네팔, 스리랑카, 구아테말라, 멕시코, 타이, 중앙아메리카 등지에서 생산을 하고 있다.(열대지방)

2. 쓰임새

❶ 카다멈 씨앗 안에 있는 유칼립톨과 α-아세트산리피닐을 체취하여 향수로 만들어진다.

❷ 카다멈을 이용한 향수의 종류로는 20여 가지가 넘으며 카다멈을 이용하여 홍차나 커피에 첨가하여 먹기도 한다.

❸ 카다멈의 향기는 방향성이므로 공기중에 노출시키거나 분쇄를 하게 되면 향이 쉽게 사라지기 때문에 깍지째 그대로 보관하고 필요할 때마다 분쇄해 쓰며, 남은 가루는 밀폐용기에 담아 건냉소에 보관하는 것이 좋다.

❹ 카다멈의 잎은 현재 허브로 사용되고 있다.

❺ 열매 안에는 씨앗이 15 ~ 20개 들어 있다.

❻ 열매와 씨앗은 건조시켜 향신료로 사용되어진다.

※ 한국에서는 소두구라는 한약재로 사용되어왔다.

3. 효능

❶ 강력한 항산화작용을 하는 에센셜 오일이 풍부하다.

❷ 따뜻한 성질을 가지고 있다.

❸ 변비, 설사 등 소화기 질환에 사용될 정도로 소화기 건강에 탁월한 효과가 있다.

❹ 인후염, 염증에 효과적이며 소염 진통제 효과가 있다.

❺ 혈액순환에도 도움을 주어 다양한 심혈관 질환을 예방하는 효과가 있으며, 머리를 맑게 해준다.

❻ 비독성, 비자극성이다.

❼ 시네올 성분이 다량 함유되어 만성기관지염에 좋다.

Tip 에센셜 오일
메이컵에서 진액처럼 고농축된 오일

Tip 고혈압은 콩팥(신장)병, 심장마비, 뇌졸중, 시력 문제 등을 유발하는 원인이 된다. 하지만 사람들은 고혈압을 심각하게 생각하지 않고 의사가 처방하는 약만을 찾는 경향이 있다. 전문가들은 "약만이 유일한 해결책은 아니다"라고 말한다.

과일과 채소를 더 많이 먹는 등 식습관 개선과 꾸준히 운동을 해 혈압을 자연스럽게 낮출 수 있다.

건강 · 의료 정보 사이트인 '프리시즌메드닷컴(precisionmed.com)'이 음식의 맛도 좋게 하면서 혈압도 낮추는 식품 7가지를 소개하고 있다.

① 마늘 : 미국 뉴올리언스 임상연구센터에 따르면, 마늘에 들어 있는 알리신 성분이 콜레스테롤 수치를 낮추고 고혈압에 도움을 주는 것으로 나타났다.

② 양파 : '영양학 저널(Jounal of Nutrition)'에 따르면, 양파에 들어 있는 항산화제 플라보노이드의 일종인 케르세틴 성분이 수축기와 확장기의 혈압을 모두 감소시키는 것으로 나타났다.

③ 계피 : 육계나무의 껍질을 말하는 계피는 혈압을 낮추고 당뇨병을 퇴치하는 효능이 있다. 연구에 따르면, 계피를 물에 녹여 마시게 한 결과 혈당 수치를 낮추는 항산화제가 증가하는 것으로 나타났다.

④ 오레가노 : 동물 실험 결과, 오레가노에 들어 있는 카르바크롤이라는 성분이 동맥 혈압, 확장기와 수축기 혈압, 심장박동 수를 감소시키는 것으로 나타났다.

⑤ 카다멈 : 카다멈은 인도가 원산지인 생강과의 향신료이다. 중증 고혈압 환자 20명에게 카다멈을 3개월 동안 섭취하게 한 결과, 이들의 혈압 수치가 크게 낮아진 것으로 나타났다.

⑥ 올리브 오일 : 지중해식 식단에 꼭 들어가는 올리브 오일은 혈압을 낮추는 효능을 가지고 있다. 올리브 오일을 자주 섭취하는 지중해 지역의 사람들은 세계에서 가장 건강한 것으로 알려져 있다.

⑦ 산사나무 : 제2형 당뇨병 환자 79명에게 산사나무 열매의 추출물 1200mg을 16주 동안 섭취하게 한 결과, 평균 확장기 혈압이 감소한 것으로 나타났다.

65 카사바

Cassava

1. 특징

❶ 속씨식물, 쌍떡잎식물, 쥐손이 풀목에 속한다.

❷ 남아메리카 분포지역인 열대와 아열대 지역이 원산지이며, 높이 1.5~3m까지 자란다.

❸ 오래 전부터 뿌리를 식료로 사용한다.

❹ 영어로는 카사바, 타피오카라고 부르며 프랑스에서는 마니오크라고 부른다.

❺ 주산지는 브라질, 태국, 인도네시아이다.

❻ 쓴맛종(bitter), 단맛종(sweet)이 있다.

2. 효능

❶ 혈당지수가 낮기 때문에 소화속도가 느려 포만감이 장시간 계속되기 때문에 다이어트에 좋다.

❷ 카사바에서 추출한 타피오카 전분을 이용해 면, 빵, 버블티 등을 만들기도 하며, 타피오카는 괴혈병, 골다공증 예방, 피로회복에 좋다.

❸ 잎은 우리나라에서 소주를 만들 때 원료로 쓰이기도 하며, 소독용 알코올을 제조할 때 쓰이며, 각종 소스를 만들 때도 쓰인다.

❹ 바이오 에탄올과 같은 바이오 연료를 만들 때 사용되며, 앞으로 에너지 부족문제를 해결할 대체연료로 각광받고 있다.

3. 부작용

❶ 카사바에 포함된 시안화합물은 linamarin 및 loaustralin이라는 cyanogenic glucoside가 limanalase라는 효소의 작용으로 생성되며, 이러한 변화는 식물체가 손상을 입거나 생리적으로 불리한 환경에 놓일 때 더 잘 일어나는 것으로 알려져 있다.

❷ 과량의 시안 섭취는 인체에 갑상선종과 운동 실조성 신경장애를 일으킨다.

❸ 시안화합물은 식물 부위에 따라 함량에 차이가 있어 뿌리에 가장 많고 유조직에는 적게 포함되어 있다. 그리고 쓴맛종에서는 시안화합물이 뿌리 전체에 퍼져 있으나, 단맛종에서는 주로 주피(periderm) 조직에 함유되어 있다.

4. 영양성분표

성분	단위	함량	성분	단위	함량
열량	kcal	160	비타민 A	RE	1
수분	g	59.68	레티놀(IU)	IU	13
단백질	g	1.36	티아민	mg	0.09
지방	g	0.28	리보플라빈	mg	0.05
탄수화물	g	38.06	니아신	mg	0.85
총 식이섬유	g	1.8	비타민 C	mg	20.6
당류	g	1.7	비타민 B_6	mg	0.09
회분	g	0.62	판토텐산	mg	0.11
칼슘	mg	16	엽산, 전체	μg	27
인	mg	27	엽산, 식품	μg	27
철	mg	0.27	엽산, DFE	μg	27
나트륨	mg	14	비타민 E	μg	0.19
칼륨	mg	271	비타민 K	μg	1.9
마그네슘	mg	21	포화지방산	g	0.07
망간	mg	0.38	단일불포화 지방산	g	0.08
아연	mg	0.34	다가불포화 지방산	g	0.05
구리	mg	0.1	베타카로틴	μg	8
셀레늄	μg	0.7	콜린	mg	23.7

5. 보관방법

❶ 카사바 뿌리는 밭에서 수확 후 5일만 지나면 부패하기 때문에 저장하기 위해 살균제를 처리한 뒤 플라스틱백에 넣어두기도 하지만 오래 보관되지 못한다.

❷ 전통적인 장기저장법은 뿌리를 수확하지 않고 땅에 묻힌 상태로 두었다가 필요할 때 파내는 방법이다.

❸ 최근 수확한 뿌리를 수세하여 표면을 말린 뒤 파라핀 용액에 담갔다가 꺼내 보관하는 '파라핀 코팅법'을 이용한다.

❹ 카사바의 대규모적인 장기저장법은 아직 개발되지 못하고 있다.

6. 섭취방법

❶ 카사바 뿌리를 말려서 동그란 모양의 전분 덩어리로 가공한 것을 타피오카라고 한다. 한때 유행했던 '버블티' 에 들어가는 동그랗고 말랑말랑한 덩어리가 이 타피오카이다.

❷ 타피오카를 식품에 직접 넣는 것은 극히 예외적인 경우이고, 보통은 가공식품의 점성을 올리는 증점제나 알코올의 원료 등으로 쓰인다.

❸ 희석식 소주의 원료로도 쓰인다. 흔히 깨찰빵이라고 부르는 빵에도 타피오카 전분이 사용된다.

❹ 외국에서는 카사바를 얇고 둥글게 썰어 튀긴 카사바칩을 감자칩 대신 먹는 경우도 종종 있다. 한국에도 피자헛 샐러드바와 KFC에서 카사바칩을 판매한다.

66 콜라비

Kohlrabi

1. 특징

❶ 콜라비는 양배추와 순무를 교배시켜 만든 것으로 녹색과 자줏빛 두 가지 종류가 있다.

❷ 영어 명칭으로 독일어 Kohl(양배추)과 rabic(순무)의 합성어이다.

❸ 양배추에서 분화된 두해살이 풀로 원산지는 북유럽의 해안지방이다.

❹ 한국에서는 19세기 초에 시험재배가 이루어진 것으로 추정된다.

❺ 수분과 비타민 C의 함량이 높으며, 농약 없이 재배한 유기농 채소라 생식용이나 즙용으로 갈아 마시기도 좋은 웰빙식품으로 각광받고 있다.

❻ 콜라비는 양배추의 일종이지만 양배추와 달리 잎부분이 아닌 뿌리와 잎 사이의 굵어진 줄기부분을 먹는다.

❼ 맛은 순무보다 달고 아삭아삭하고 단단하다. 줄기는 샐러드 재료로, 잎사귀는 쌈이나 녹즙용으로 사용한다. 단백질, 화분, 칼슘, 칼륨, 철분, 비타민 C 등이 다량 함유되어 있다.

❽ 비타민 C는 상추나 치커리 등 엽채류의 4~5배이다. 파종은 주로 봄에 한다.

❾ 극조생종은 55~60일 자랐을 때, 극만생종은 120일 정도 자랐을 때가 수확하기에 적당한 시기이다.

❿ 다른 십자화과 작물과 마찬가지로 서늘한 환경에서 잘 자라는 냉량성 채소이며, 발아하는 데 적정한 온도는 15~20℃이다.

⓫ 저온에 매우 민감하게 반응하여 꽃눈이 분화되므로 적정 온도를 유지하도록 주의해야 한다.

⑫ 지상 2~5cm의 부분에서부터 줄기가 비대하여 순무처럼 된다. 알줄기의 지름은 보통 8~10cm인데, 5cm 크기의 알줄기를 주로 이용한다. 알줄기가 5cm 이상 자라면 어느 때라도 수확해도 되지만 늦게 수확하면 알의 모양이 기형적으로 변하고 육질도 단단해지고 거칠어진다.

Tip 극조생종 : 같은 종의 작물 중에서 표준적인 개화기의 것보다 일찍 꽃이 피고 성숙하는 종
극만생종 : 생태적으로 정상보다 늦되는 품종

2. 영양성분표

성분	함량
니아신	0.30mg
나트륨	10.00mg
단백질	1.60g
당질	4.80g
레티놀	0.00㎍
베타카로틴	232.00㎍
비타민 A	39.00㎍RE
비타민 B_1	0.03mg
비타민 B_2	0.01mg
비타민 B_6	0.14mg
비타민 C	57.00mg
비타민 E	0.48mg
식이섬유	3.60g
아연	0.03mg
엽산	16.10㎍
인	187.00mg
지질	0.50g
철분	0.10mg
칼륨	340.00mg
칼슘	17.00mg
콜레스테롤	0.00mg
회분	0.90g

3. 효능

❶ 칼로리는 100g당 27kcal이다.
❷ 열량이 낮고 섬유질이 풍부하다.
❸ 다이어트, 변비개선에 효과적이다,
❹ 피로회복, 노화방지, 혈압조절, 당뇨 예방 등 효과적인 알칼리성 식품이다.
❺ 풍부한 칼슘 섭취로 인해 골다공증에 좋다.

4. 사용방법 및 손질방법

❶ 깍두기, 무생채, 나박김치, 동치미 등 어떤 요리도 맛있고 생선조림에 무 대신 넣어도 된다. 샐러드, 볶음, 삶은 요리, 식초요리, 절임 등으로도 사용된다.
❷ 어린 것은 껍질째 사용하나 너무 크면 껍질이 단단해져 껍질을 벗겨 사용하는 것이 좋다. 콜라비, 셀러리, 당근 등과 함께 혼합녹즙을 만들어 마시면 위산을 중화시켜 위산과다증을 치료할 수 있다.
❸ 껍질을 깎아내고 마요네즈나 초고추장에 찍어먹거나 그냥 먹어도 좋다.
❹ 특히 겨울철에는 당도가 뛰어나 과일처럼 먹어도 손색이 없다.
❺ 껍질째 얇게 잘라 소금에 절여 샐러드로 이용하면 좋다.
❻ 김치, 깍두기, 동치미, 물김치를 만들어 먹으면 맛이 아주 좋다.
❼ 수분을 90% 이상 함유하고 있어 껍질째로 주스처럼 갈아 마셔도 좋다.
❽ 잎은 샐러드나 쌈 채소로 활용할 수 있다.
❾ 위산과다증으로 고생하는 사람들이 콜라비를 잎과 함께 녹즙으로 마시면 더욱 좋은 효과를 느낄 수 있다.
❿ 콜라비 잎은 쌈 채소로 이용가능하다.
⓫ 콜라비 잎을 효소로 만들어 사용하기도 한다.

5. 재배

❶ 봄파종 재배

일반적으로 3~4월에 직파하며, 60일 정도면 수확기에 달한다. 2~3월에 온상 또는 냉상에 파종하여 모를 기르고 본잎이 5~6장일 때 정식하는 조숙재배도 가능하다.

❷ 여름파종 재배

6~8월 파종은 고온건조에 의한 발아불량과 잘록병의 발생으로 평지보다는 고랭지에 적합하다. 그러나 발아 초기의 고온건조를 방지할 수 있는 방법이 있으면 원래 더위에 견디는 내서성이 강한 작물이므로 따뜻한 지역에서도 재배가 가능하다.

❸ 가을파종 재배

따뜻한 지역에서 가장 보편화될 수 있는 재배방식으로 9월 상~하순이 파종 적기이다. 상 · 중순에 파종하면 60일, 하순 이후에 파종하면 70~90일 후에 수확기에 달한다.

Tip

1) 콜라비가 갈라지는 이유

안줄기가 5cm 이상 자라면 언제라도 수확해도 되지만 늦게 수확하게 되면 알의 모양이 기형적으로 변하고 육질이 단단해지며 거칠어진다.

2) 줄기 효능

발표내용과 같이 수분과 비타민 C 영양소가 풍부하게 함유되어 있으며 생식이나 즙으로 먹으면 건강에 좋은 효과가 나타난다.

3) 음식궁합

- 콜라비는 보라색 채소이며 채소는 비타민 E와 리놀렌산이 다량 함유되어 있어 들기름과 조리하면 몸에 흡수가 빠르다.
- 콜라비에는 비타민 C가 다량 함유되어 있으며, 물, 빛, 열, 산소 모두에 비교적 약하므로 샐러드나 주스와 같이 있는 그대로 섭취하는 것이 좋다.

4) 무와 순무의 차이

순무는 무와 달리 뿌리의 색이 자줏빛을 띠고 있다. 순무의 원산지는 지중해 연안의 남부유럽이고 무의 원산지는 중앙아시아로 추정된다. 종자의 생김새는 비슷하지만 크기가 다르다.

67 퀴노아

Quinoa

1. 특징

❶ 원산지는 에콰도르, 페루, 볼리비아 등 안데스 지역이다.

❷ 안데스 지역, 유럽, 미국, 일본 등지에 분포되어 있다.

❸ 고대 잉카제국에서 감자와 옥수수를 비롯해 3대 작물로 재배된 명아줏과 식물이다.

❹ 퀴노아(quinoa)의 어원은 '모든 곡식의 어머니'를 뜻하는 고대 잉카어(현, 페루어)에서 유래된 것으로, 약 4,000년 전부터 안데스산맥 일대에서 주요 작물로 재배해왔다. 그러나 16세기경 남미를 침략한 스페인 군대에 의해 잉카제국이 멸망하면서, 인디오들이 신성시하는 퀴노아 경작이 탄압을 받게 되고 그 결과 생산지가 상당수 감소되었다.

❺ 잉카제국의 '슈퍼곡물'로 불리던 퀴노아는 지난 수천 년 동안 에콰도르, 페루, 볼리비아 등 안데스 지역의 중요 농산물이었으나 근세에 와서는 겨우 일부 농가에서 자급자족으로 명맥만 유지해왔다. 그 후 영양학적 가치가 새로이 평가되면서 세계적인 식품회사와 남아메리카 민간단체들의 품종개량과 보급노력에 힘입어 1980년 이후 빠른 속도로 국제곡물시장에서 판매되고 있다.

2. 효능

❶ 인과 라이신을 다량 함유하고 있다.

뼈 건강에 좋고 골다공증을 예방하며 노화를 방지하는 망간이 풍부해 항산화제 역할을 해준다.

❷ 비타민 B_2와 철분이 풍부하다.

피로회복에 좋고 빈혈에 도움이 되는 철분이 풍부하여 뇌기능을 활성화시키고 에너지 대사에 훌륭한 식품이다.

❸ 퀴노아 사포닌을 함유하고 있다.

거담, 진해, 항염증, 중추억제, 피로방지, 콜레스테롤 대사 촉진, 핵산, 단백질 합성 촉진, 항암, 항균작용 등 다양한 작용이 알려져 의약품의 개발에 기대가 되는 식품이다.

❹ 글루텐과 나트륨이 없다.

소화흡수가 타 곡물에 비해 원활하며 체중조절에도 용이하다.

3. 영양성분표

	퀴노아	백미	현미
칼로리	323kcal	356kcal	350kcal
단백질	13.4g	6.1g	6.8g
지방	4.9g	0.9g	2.7g
탄수화물	67.5g	77.1g	78.8g
식이섬유	8.0g	0.5g	3.0g
철분	4.5mg	0.8mg	2.1mg
아연	2.3mg	1.4mg	1.8mg
칼슘	36mg	5mg	9mg
칼륨	539mg	88mg	230mg
마그네슘	164mg	23mg	110mg
인(P)	350mg	94mg	290mg
비타민 B_1	0.44mg	0.08mg	0.41mg
비타민 B_2	0.24mg	0.02mg	0.04mg
비타민 B_6	0.38mg	0.12mg	0.45mg
비타민 E	6mg	0.2mg	1.3mg

	칼로리	단백질	지방	탄수화물	식이섬유
퀴노아	323	13.4	4.9	67.5	8
백미	356	6.1	0.9	77.1	0.5
현미	350	0	2.7	78.8	3

Tip 퀴노아 사포닌?

논문에서 찾은 '유용한 식품영양 신소재 아마란스와 퀴노아(이재학 저)'란 논문 자료에 "사포닌의 기능과 퀴노아 사포닌의 성분인 triterpenoidglycoside의 수용액을 흔들면 거품이 나고 용혈작용, 소독작용 등이 있는 사포닌의 성질이 나타난다. 사포닌에는 거담, 진해, 항염증, 중추억제, 피로 방지, 콜레스테롤의 대사 촉진, 핵산과 단백질의 합성 촉진, 감염방어, 항암 · 항균작용 등 다양한 작용이 알려져 의약품 개발에 기대가 크다." 라고 설명되어 있다.

사포닌의 다양한 형태가 퀴노아에 있으며, 그 중 알려지지 않은 10개의 사포닌은 앞에서 알아낸 사포닌이 영양학적으로 가치가 있기에 의학, 농업, 산업이용에 유용하게 쓰일 가능성이 있다고 한다.

68 키와노

Kiwano

1. 특징

❶ Cucumis metuliferus(아프리카의 뿔오)라고 불리며 미국 남동부에서는 복어과일 이라고 한다.

❷ 오렌지색이나 초록색의 껍질이며 오이와 비슷한 질감이 난다.

❸ 맛은 오이와 호박, 오이와 바나나를 섞은 맛 혹은 물에 데운 바나나맛이다.

❹ 노란색으로 변할 때가 잘익은 과일으로 가장 맛있다.

❺ 오렌지색이나 초록색의 껍질이며, 오이와 비슷한 질감을 가졌다.

❻ 초기에 외형으로 인해 천대받았던 과일이다.

2. 효능

❶ 비타민 A, B, C가 다량 함유되어 있다.

❷ 수박보다 3배 많은 철분을 함유하고 있다. (키와노1.13mg, 수박 0.4mg)

❸ 리놀렌산이 다량 함유되어 있다.

❹ 혈압을 낮추는 올레산이 함유되어 있다.

3. 재배

❶ 모든 종류의 토양에서 재배 가능하다.

❷ 성장을 위해 15℃ 이상 유지한다.

❸ 매주 1~2회 수분을 보충한다.

4. 취급

❶ 수확 시 가시로 인한 상처의 위험이 있다. (장갑 착용)

❷ 껍질이 녹색일 때 수확한다.

5. 영양성분표

	열량	수분	단백질	탄수화물	지방	비타민 A	비타민 C
생육	44kcal	88.97g	1.78g	7.65g	1.26g	7μg	5.3mg

6. 섭취방법

❶ 간식이나 샐러드의 장식으로 사용한다.

❷ 지나치게 숙성된 과육의 씨는 제거한다.

❸ 건기 지역(짐바브웨, 칼라하리 사막)에서는 물 대용식품이다.

❹ 반으로 잘라 숟가락으로 퍼먹는 것이 일반적이다.

7. 구매방법 및 보관방법

❶ '아프리카 과일'을 치면, 구매 가능하다.

❷ 과육이 금방 여물기 때문에 냉장보관하되 빨리 섭취하는 것이 좋다.

69 펜넬

Fennel

1. 특징

❶ 미나리과의 식물이다.

❷ 원산지는 지중해 연안 지역이다.

❸ 아니스와 향기가 비슷하며, 잎, 줄기, 꽃을 이용하여 냄새를 제거하거나 소화를 좋게 한다.

❹ 생 줄기로 만든 차는 맛이 좋다. 꽃, 줄기, 잎은 샐러드로 이용하며, 기타 여러 가지 오븐 요리에서 풍미를 돋군다.

❺ 펜넬씨로 만든 허브차는 소화를 좋게 하며, 보리빵, 수프, 생선에 이용한다.

2. 영양성분표

성분	단위	함량
열량	kcal	345.00
수분	g	8.81
단백질	g	15.80
지방	g	14.87
탄수화물	g	52.29
총 식이섬유	g	39.80
단일불포화지방산	g	9.91
회분	g	8.22
칼슘	mg	1196.00
인	mg	487.00
철	mg	18.54
나트륨	mg	88.00
칼륨	mg	1186.00
비타민 A	RE	7.00
비타민 C	μg	21.00

티아민	mg	0.41
리보플라빈	mg	0.35
니아신	mg	6.05
콜레스테롤	mg	0.00
포화지방산	㎍	0.48
다가불포화지방산	%	1.69

3. 효능

❶ 이뇨성 체중 감량에 효과가 있다.

❷ 힘과 수명을 개선시킨 것으로 알려져서 올림픽 기간 동안에 운동선수들은 펜넬의 씨앗을 먹었다.

❸ 소화기 계통에 있는 위나 장 근육의 항경련에 효과적이다.

❹ 체중 감량요법으로 셀룰라이트나 비만 등에 에센셜 오일과 허브차로 이용한다.

❺ 중국 한의학에서는 펜넬을 고약으로 만들어 뱀에 물렸을 때 치료하는 것으로 이용한다.

❻ 여성들에게는 생리불순, 생리통에 효과가 있다.

4. 부작용

❶ 펜넬(회향, 茴香)에는 에스트로겐 작용이 있기 때문에 여성 특유의 질병이 있는 경우는 사용을 피한다.

❷ 어린 여자아이에게 사용하면 유방의 이상 발육이 나타날 수도 있다.

❸ 임산부, 수유부와 유아에게는 사용을 금한다.

❹ 미나리과 식물에 알레르기가 있는 사람들에게도 주의가 필요하다.

70 포포

Pawpaw

1. 특징

❶ 북아메리카가 원산지이고 파파야과 열매인데, 나무는 키가 2~3m까지 자란다.

❷ 잎은 늘어져 있고 넓고 긴 타원형으로 끝은 뾰족하고 길이가 30cm이다.

❸ 개화 시기는 4월경이며, 수확 시기는 9~10월이다. 꽃은 5cm 크기의 자주색이다.

❹ 열매 하나가 50~300g 정도이며, 포포 열매 특유의 독특한 향이 있다.

❺ 잎과 수피는 천연살충제로 활용되며, 병충해에 강하다.

❻ 포포는 파파수, 포포수 등 여러 가지 이름을 가지고 있다. 중국에서는 파오파오수, 우리나라에서는 뽀뽀로 불린다.

❼ 다른 꽃들은 벌과 나비로 수정을 하는 것에 비해, 포포는 파리와 딱정벌레로 수정을 한다. 포포의 잎에서 나오는 살충 성분은 벌에게 매우 해롭다.

❽ 포포는 한 그루만 심어도 꽃과 열매가 다 열리는 자가식물이다.

2. 영양성분표

성분	함량	성분	함량	성분	함량
단백질	1.2g	비타민 B	87IU	인	47mg
총 지방	1.2g	비타민 C	18.3mg	마그네슘	113mg
탄수화물	18.6g	티아민	0.01mg	철	7mg
식이섬유	2.6g	니아신	1.1mg	아연	0.9mg
비타민 A	8.6IU	칼륨	345mg	구리	0.5mg
망간	2.6mg	메티오닌	15mg	발린	58mg
히스티딘	21mg	시스틴	4mg	칼슘	63mg
이소류신	70mg	페닐알라닌	51mg	리보플라빈	0.09mg
류신	81mg	티로신	25mg	트립오판	9mg
라이신	60mg	토레오닌	46mg	식품 에너지	80cal

3. 활용도

❶ 포포는 1898년 미국에서 처음으로 발견되었는데 당시 리리 제약회사에서는 씨앗의 추출액을 구토제로 사용하였다.

❷ 포포는 호주에서 화장품의 원료로 사용되고 있으며 국민열매라 할 정도로 유명하다.

❸ 포포 열매는 예로부터 피부 보습은 물론, 영양공급, 피부트러블 등의 증상 완화에도 널리 유용하게 사용되고 있다.
❹ 포포 잎은 물로 우려내서 차로 마신다.
❺ 포포 잎은 소화불량, 위장장애, 피부 궤양에 도움을 준다.
❻ 포포 잎으로 만든 주스는 암 치료에도 도움을 준다.
❼ 포포 잎은 염증성 질환(관절염, 류머티스)에 좋은 치료약이다.
❽ 포포 잎은 흡연자의 위축기능의 위험을 낮춰주며 발기부전에도 좋다.

Tip 아세토제닌이란?

파파야에서 발견되는 아세토제닌은 극적인 생리활성작용을 말한다.
아세토제닌은 NADH 산화효소를 묶어서 활성화지 못하게 하며, 아세토제닌 성분은 암세포의 미토콘드리아에 있는 ATP의 생산을 조절한다.
항암 화학약물 치료와 비교할 때, 아세토제닌은 동물연구나 세포연구에서 화학약물보다 비교적 잘 작용하지만, 독성과 부작용이 없다.

4. 효능

❶ 포포에는 아세토제닌이란 항암물질이 들어 있는데,아세토제닌은 항암제인 택솔보다 무려 300배나 더 강력한 효과가 있다.
❷ 비타민 C가 많아서 감기 예방과 독감면역체계 강화에도 도움을 준다.
❸ 비타민 A와 B, 칼슘, 마그네슘, 구리, 망간, 인 등 다량의 영양소를 함유하고 있다.
❹ 각종 암 및 당뇨병, 천식, 기관지염, 외부 궤양, 시력 강화 등에 좋은 효능이 있다.

※ 포포열매의 ATP

1. 암세포가 ATP(세포가 필요로 하는 에너지)를 생산하는 것을 저해하여 에너지원을 고

갈시켜 세포자연사를 유도한다.

2. ATP는 DNA와 RNA의 간접적인 전구체로 APT 생산이 저해되면 암세포의 성장이 느려지거나 멈추게 된다.
3. 내피세포의 혈관 생성에는 ATP가 필요하고, 따라서 혈관 생성이 느려지거나 멈추게 된다.

5. 부작용

❶ 포포를 많이 섭취하면 구토를 일으킬 수도 있다.
❷ 폐암 환자나 뇌암 환자는 포포를 함부로 사용할 수 없다.
❸ 포포의 항암물질이 너무나 강력하기 때문에 다른 치료제와 동시에 사용할 수 없다.
❹ 갑상선자극 물질과 함께 사용할 수 없다.
❺ 항산화제와 함께 사용할 수 없다.
❻ 파킨스병이 있는 사람과 임산부는 절대로 사용할 수 없다.

Tip 구매 시 주의사항
파파야를 미국식 발음으로 하면 포포가 된다. 관광객들이 파파야를 미국식 발음 그대로 포포라 읽고 속는 경우가 빈번하다. 제대로 알아보고 구매하는 것이 좋다.

71 하고초

夏枯草

1. 특징

❶ 꿀풀과에 속하는 여러해살이 풀이다.
❷ 20~30cm까지 크고, 개화 시기는 5~7월이다.
❸ 전국 각지의 들에 분포한다.
❹ 꿀풀이라 불리며, 한방에서는 하고초라 하여 약용으로 사용한다.
❺ 하고초의 다른 이름으로는 석구, 우고초, 철색초라고 한다.
❻ 하고초(夏故草)의 잎은 긴 달걀모양으로 나며, 줄기 전체에 털이 있다.
❼ 꽃은 6~7월에 자주색 빛이 나는 보라색 또는 흰색으로 꽃이 핀다.
❽ 꽃잎은 입술모양의 형태로 되어 있다.
❾ 꽃의 크기는 3~8cm이며, 열매는 황색으로 달린다. 꽃이 필 때 채취한다.
❿ 하고초는 한여름에 잎과 줄기가 말라 버린다고 해서 유래된 이름이다.

2. 영양성분표

성분	단위	함량
열량	kcal	309
수분	g	9
단백질	g	8.2
지방	g	4
탄수화물	g	71.61
총 식이섬유	g	N/A
불용성 식이섬유	g	N/A
회분	g	N/A
칼슘	mg	7.2
인	mg	996
철	mg	279
나트륨	mg	20.9
칼륨	mg	10
비타민 A	RE	2232

레티놀	μg	1296
티아민	mg	648
리보플라빈	mg	0.47
니아신	mg	0.79
비타민 C	mg	5.6
베타카로틴	μg	3886
폐기율	%	N/A

3. 효능

❶ 항암효과

하고초를 달여 꾸준히 마시게 되면 암세포 증식을 억제하는 데 도움을 준다. 특히, 간암, 갑상선암, 유방암에 좋으며 림프종에 좋다.

❷ 소염 및 살균작용

체내에서 세균이 번식한다거나 염증, 억제, 급성황달, 간염, 구내염에 좋다.

❸ 이뇨작용

하고초의 우르솔릭산(ursolic acid) 성분이 신장질환 즉 신장염, 방광염, 부종에 도움을 주며, 이뇨작용으로 붓기를 가라앉게 하며, 항염증 및 항암작용을 한다.

❹ 열 관련 질환

화로 인한 열을 내려주고 스트레스를 풀어 주며, 머리를 맑게 하여 두통을 좋게 하며 눈의 피로를 풀어주는 등 열과 관련된 질환에 좋은 효과가 있다.

❺ 위장 보호 기능

사포닌 성분인 올레아놀린산(oleanolic acid)을 함유하고 있어 위벽보호와 위장기능을 좋게 하는 성분이 있다.

❻ 노화 예방

꽃잎에 플로라보노이드계의 색소인 안토시아닌이 들어 있어 노화 예방에 좋다.

❼ 혈압 강하 작용

혈액의 흐름을 좋게 하는 효능이 있어서 고혈압에 좋다.

4. 부작용

❶ 하고초는 성질이 차가우므로 비위가 허약(비장과 위장의 기능이 허약한)한 사람은 복용을 삼간다.

❷ 기허자(기가 허약한 사람), 울결(가슴이 답답하게 막힘)이 있는 사람들은 섭취를 금한다.

5. 섭취방법 및 보관방법

❶ 하고초 잎, 줄기, 꽃을 통째로 채취하여 흐르는 물로 씻은 후 그늘진 곳에서 건조시킨 하고초를 잘 밀봉하여 습기가 없는 서늘하고 건조한 곳에서 보관한다.

❷ 차를 만들 때는 줄기와 꽃을 사용한다.

6. 구매방법

❶ 건 하고초는 약재상에서 쉽게 구매 가능하다.

❷ 5~6월에 들과 밭에 자라기 때문에 직접 채취할 수도 있다.

72 바나나

Musa

1. 특징

❶ 바나나는 열대에서 아열대의 10℃ 이상 되는 지방에서 재배한다. 땅이 깊고 부드러우며, 물이 잘 빠지는 곳에서 잘 자란다.

❷ 번식은 땅속줄기에서 나온 싹과 헛비늘줄기의 가지로 한다.

❸ 열매를 맺고 밑동을 잘라낸 뒤 6개월이 지나면, 땅속줄기에서 새로운 어린줄기가 나와 자란다. 어린줄기 가운데 약한 것은 주기적으로 잘라내고, 튼튼한 것만 골라서 열매를 맺게 한다. 정식은 사방 2.5~4m에 1그루씩 심는다. 심은 후 1년이 지나면, 꽃이 피고 열매를 맺기 시작한다. 분얼아는 한 그루에 2~3개 이하로 유지하는 게 좋다. 1980년대부터 한국의 제주도 등지에서도 재배하고 있다.

학명	Musa
계	식물
문	속씨식물
강	외떡잎식물
목	생강목
원산지	열대아시아
분포지역	전세계 열대에서 아열대
크기	높이 3~10m

❹ 열대아시아가 원산지이다. 상록 여러해살이 풀로 높이가 3~10m이다. 땅속 깊이 들어가 지지작용을 하는 뿌리와, 땅밑 30cm까지 들어가 옆으로 퍼지고 뿌리털이 달려 흡수작용을 하는 뿌리가 있다.

2. 효능

❶ 하루에 3개의 바나나를 섭취하면 칼륨 성분(500mg)으로 인해 뇌졸중의 위험을 24% 낮출 수 있다는 연구결과가 나왔다.

❷ 바나나의 칼륨 성분은 고혈압의 원인 중 하나인 나트륨의 체외배출을 도와주기 때문에 혈중 나트륨 농도를 낮춰주어 고혈압을 예방하는 효과가 있다.

3. 멸종

> ### 바나나에 치명적인 곰팡이균, 전 세계로 확대 조짐
> **"바나나 공급 비상" 유엔식량농업기구(FAO) 경고**
>
> 바나나에 치명적인 곰팡이균이 동남아시아, 중동 및 아프리카까지 확대되면서 전 세계 바나나 공급에 비상이 걸렸다고 유엔식량농업기구(FAO)가 경고했다.
> FAO는 바나나나무의 뿌리를 공격하는 곰팡이균인 파나마 TR4가 아시아를 넘어 요르단과 모잠비크에서도 발견되었다고 밝혔다. 이 곰팡이균은 전 세계 바나나 수출의 95%를 차지하는 캐번디시 품종에 치명적이다.
> 효과적인 생산을 위해 품종개량을 거듭한 몇몇 종자들만 재배되는 모노컬처(Monoculture : 단일작물 재배 농법)가 자리잡게 되면서 이른바 '시장성'이 존재하는 소수의 작물이 자연의 다양한 종을 대체하기 시작했다. 단일종에 대한 지나친 의존도를 가지고 있다.
> 오늘날 우리가 흔히 먹는 바나나인 '캐번디시' 종은 당도가 굉장히 높고 씨앗이 없어 가장 많이 판매되는 훌륭한 시장성을 갖춘 작물이다. 하지만 '캐번디시'는 사실 이미 멸종된 '그로미셀'의 대체품에 불과하다.

4. 바나나 파나마병(TR4 Tropical Race)

TR4는 흙 속에 사는 곰팡이인 푸사리움 옥시스포룸 쿠벤세(Fusarium oxysporumvar. cubense)에 의해 야기되는 식물 전염병으로 전 세계 바나나 수출의 95%를 차지하는 캐번디시(Cavendish) 품종에 특히 치명적이라고 알려져 있다. 지금 가장 간절한 것은 백신이다. 백신 없이는 이미 진행 중인 캐번디시 품종의 멸종을 막지 못한다.

물론 TR4에 내성이 있는 새로운 품종을 개발하는 것도 방법이다. 그로미셸의 빈자리를 캐번디시가 대신 했듯 말이다.

실제로 바나나 멸종을 막기 위해 기업들 사이에 연구가 활발히 진행 중이라고 한다. 하지만 과연 이것이 돌고 도는 악순환의 고리를 끊을 수 있는 근본적인 해답인지는 의문이다.

부록 MSG

MSG의 나트륨 저감화 효과

- 아미노산의 일종인 Glutamate는 MSG의 주성분으로 식품에 첨가되었을 경우, 맛의 상승작용을 일으켜 소량의 소금을 사용하고서도 전반적인 기호도를 향상시킬 수 있음

※이시다 마유미 외 일본영양, 식량학회지 63,305,2011

Fig. 6 감칠맛 소재의 나트륨 저감화 효과

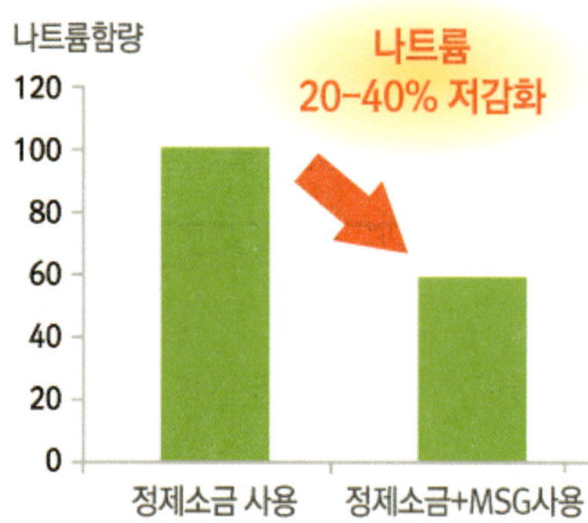

Fig. 7 MSG의 나트륨 저감화 효과

MSG와 일반소금을 함께 사용하는 경우, 감칠맛 효과로 전체 나트륨 섭취를 20-40% 감소시켜 저나트륨 식사를 유도할 수 있음

※출처: Shizuko Yamagychi,1984 외 2편

Na저감화 효과에 따른 섭취량 비교

MSG를 적절히 사용하여 소금의 섭취를 줄일 시 10년 동안 약 5kg의 소금을 덜 섭취할 수 있음

기간	30% 나트륨 저감화후 섭취량
1달후	약 44g 섭취저감
1년후	약 500g 섭취저감
10년후	약 5kg 섭취저감

Fig. 8 Na 저감화 효과에 따른 섭취량 비교

- MSG에 함유된 나트륨 양은 일반 정제소금 나트륨양의 약 1/3수준으로 일반소금 양보다 소량 사용됨

조리시 첨가되는 소금과 MSG로부터 유래되는 총 나트륨함량 중 MSG에서 기인되는 나트륨함량은 단 2%뿐임

※ 평균 국 염도 0.8%, 표준 MSG첨가량 0.04% 기준

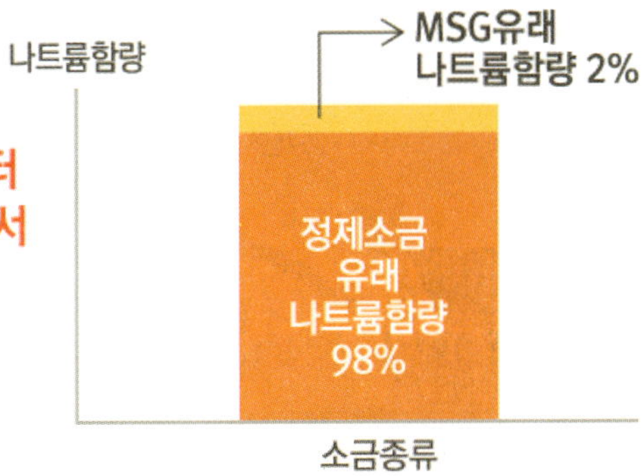

Fig. 9 정제소금과 MSG 유래 나트륨 함량 비교

ASANA

MSG(Glutamate)는 식품에 천연으로 존재하나요?

- 유제품인 모유, 우유, 치즈
  채소류인 토마토, 옥수수, 완두콩 등에 다량 함유
- 식품유래 Glutamate와 식품첨가물인 MSG는 동일한 맛을 나타냄

Umami-Rich Food

Glutamate —— Inosinate —— Guanylate —

	Kombu Seaweed	Parmesan Cheese	Soy Sauce	Green Tea Leaves	Tomatoes	Miso (Soybean Paste)	Dried Bonito	Pork	Sardines	Dried Shiitake Mushrooms	Dried Morel Mushrooms
(mg/100g)	1985	1680	780	670	250	210	600	225	190	150	40

Fig.1 감칠맛이 풍부한 자연식품들

토마토 숙성과정에 따른 Free glutamate 함량

- 자연상태에서, 토마토가 숙성될수록, Glutamate 함량은 증가
- 완숙토마토의 경우 많은 양의 Glutamate를 함유

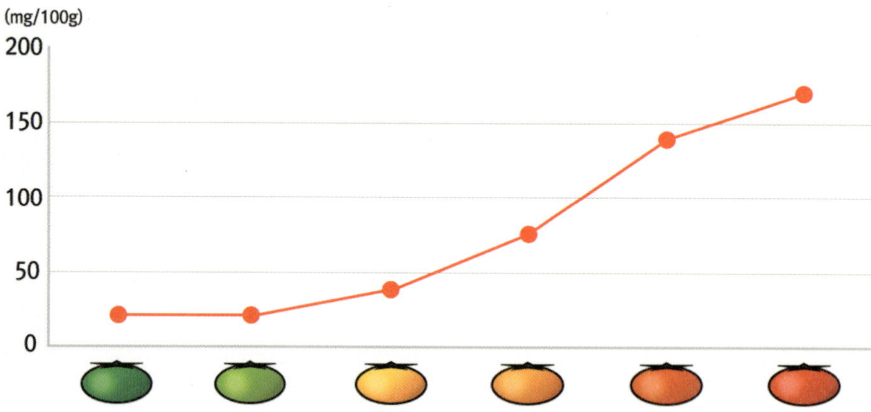

Fig. 2 토마토 숙성과정에 따른 Glutamate 함량 변화

ASANA

MSG(Glutamate)는 어떻게 만드나요?

MSG는 사탕수수를 원료로 하여 만들어지는 "발효물질"!

- **발효란?** 미생물이 지닌 효소에 의해 유기물이 분해되어 사람에게 이로운 물질을 생산하는 과정
- **부패란?** 미생물이 지닌 효소에 의해 악취가 나거나 유해한 물질이 만들어지는 과정

MSG 제조방법

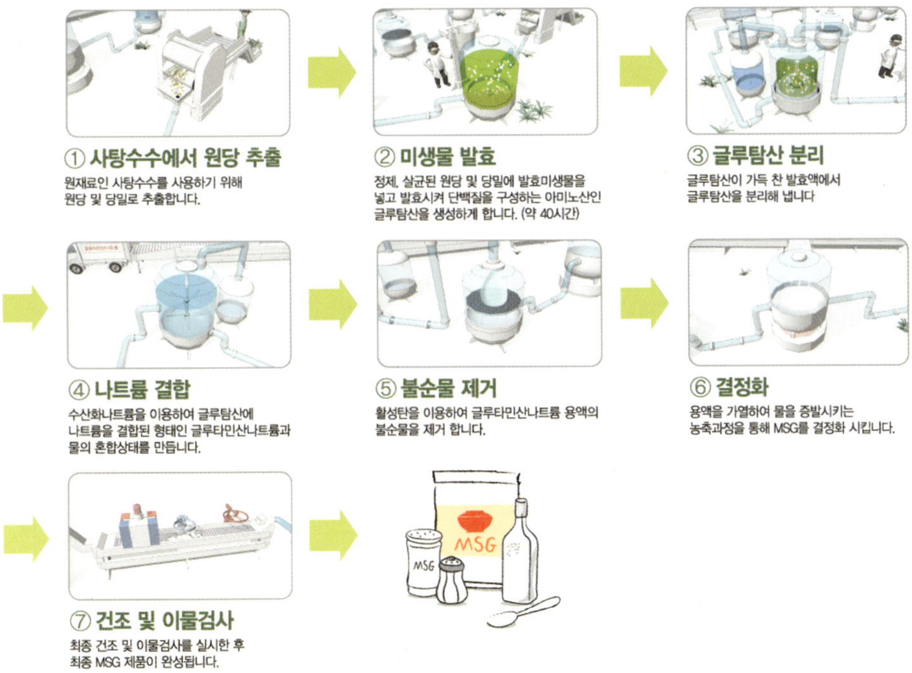

Fig.3 MSG 생산과정

ASANA

MSG(Glutamate)의 대표적인 맛은 무엇이고, 어떤 물질인가요?

- MSG는 음식의 **감칠맛(Umami)**을 내는 향미증진제(flavor enhancer)로서 조미료의 주성분임
- MSG의 주성분은 Glutamate이며, 나트륨(sodium)은 Glutamate가 물에 잘 녹을 수 있도록 도와주는 역할수행

MSG = Glutamate (감칠맛 주요성분) + Sodium (수용성 촉진역할)

감칠맛, 태어나서 처음 느끼는 맛!

모유에는 MSG의 대표맛으로 알려진 감칠맛(Umami) 성분(Glutamate)이 다량 함유

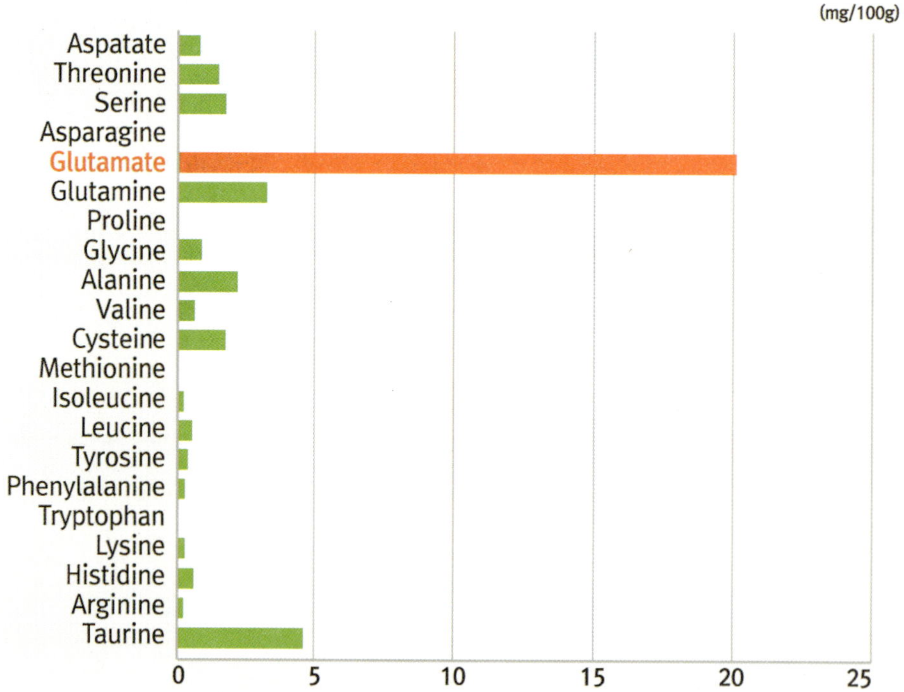

Fig.4 모유에 함유된 유리아미노산 함량

ASANA

MSG(Glutamate)는 식품에 천연으로 존재하나요?

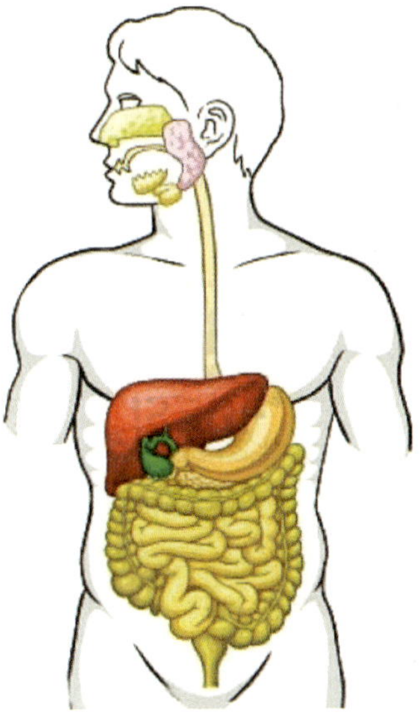

미국 FDA, AMA[1], 그리고 FASEB[2]등에 소속된 많은 과학자들이 MSG와 자연유래 Glutamate의 체내 대사경로가 동일함을 밝혀냄

○ Glutamate의 대사

- 구강을 통해 섭취된 Glutamate는 소장으로 95%흡수
- 소장에서 Energy 또는 단백질 생합성에 이용
- 나머지 5%만 간으로 이동되어 Alanine과 glutamine으로 분해

○ Glutamate의 생합성

- Glutamate는 우리 몸에서 자연발생하는 대사산물
- 인체는 하루에 50g의 Free glutamate를 생산

* 1) AMA(American Medical Association)
2) FASEB(Federation of American Societies for Experimental Biology)

Glutamate의 대사과정

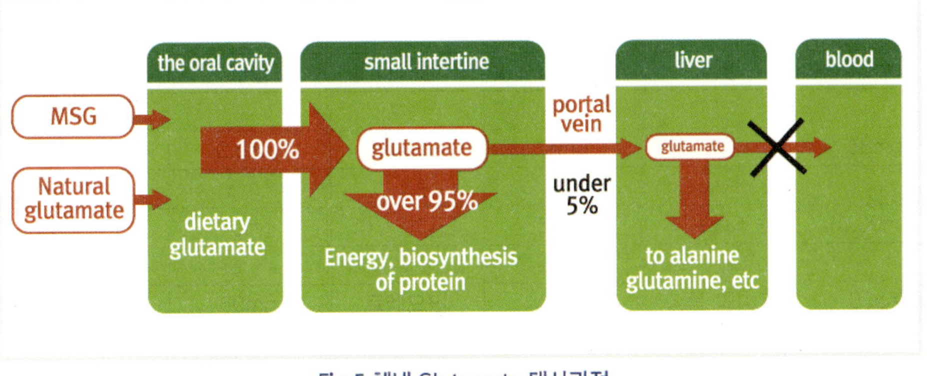

Fig.5 체내 Glutamate 대사과정

ASANA

MSG(Glutamate)의 독성평가

- 국제 글루타메이트 기술위원회(IGTC)가 쥐를 대상으로 식품성분별 상대적 독성시험 수행
- 소금이 MSG보다 치사율이 훨씬 높은 것으로 나타남
  - 소금은 쥐의 몸무게 기준 3.0 g/kg · bw를 투여했을 경우, 실험쥐들 중 50% 이상이 독성을 나타냄
  - MSG는 19.9 g/kg · bw를 투여했을 경우, 실험쥐들 중 50% 이상이 독성을 나타냄
- 또한 실험결과 MSG는 Vit B12와 Vit C보다 독성이 훨씬 낮은 것으로 나타남

Substance (물질)	Oral LD_{50} in Rats (g/kg bw) [3)] (경구치사량)
Salt (소금)	3.0
Acetic Acid (아세트산)	3.1
Vitamin B12 (비타민B12)	4.0
Sodium Bicarbonate (중탄산나트륨)	4.1
Niacin (니아신)	7.0
Citric Acid (구연산)	11.7
Vitamin C (비타민 C)	11.9
Glycerol (글리세롤)	12.6
MSG	19.9
Sugar (설탕)	29.7

* 3) LD_{50} : Lethal dose 50. 실험대상물질을 피실험동물에 투여했을경우, 피실험동물의 50%가 죽게되는 양으로 체중kg당 mg 혹은 g으로 나타냄

Table.1 식품성분별 상대적 독성시험

ASANA

세계각국의 MSG에 대한 안전성평가

UN 산하 국제식량농업기구(FAO)와 세계보건기구(WHO) 합동식품첨가물 위원회 (JECFA) 발표내용

- MSG는 인체에 지극히 안전한 식품첨가물이다.
- 1일 섭취량 및 사용량을 제한할 필요가 없다.
- 12주미만의 영유아들도 성인과 차이없이 MSG를 신진대사시킨다.

○ 미국 FDA – CFR(미국연방규정집)

- 1980년 FDA에서도 MSG가 인체에 안전하다는 결론을 내림
- MSG는 후추, 식초, 소금, 베이킹파우더 등과 함께 안전한 물질로 분류
- 사용량 및 허용량에 대한 규제가 없는 식품성분으로 간주(GRAS)

○ 일본 후생성

- MSG안전성을 공인하여 사용량에 대한 규제를 하지 않는 안전한 첨가물로 분류

○ 호주

- 1989년 호주 주정부보고에 의해 MSG는 안전하며, 1일 섭취허용량의 규정이 없는 물질로 평가

○ EU

- 1990년 동물 실험 및 인체 임상실험결과 MSG는 유해하지 않으며, 1일 섭취 허용량의 규정이 필요 없는 물질로 규정

○ 한국

- 1986년 6월 보사부위생국은 MSG를 "미생물에 의해 발효되며 안전한 식품첨가물"로 평가
- 2010년 3월 식약청에서 "Q&A집 발간"을 통해 MSG 안전성 발표
- 식품첨가물공전에 "MSG는 사용량을 규제하지 않는 첨가물(GRAS)" 로 정의되고 있음

ASANA

MSG 제조방법

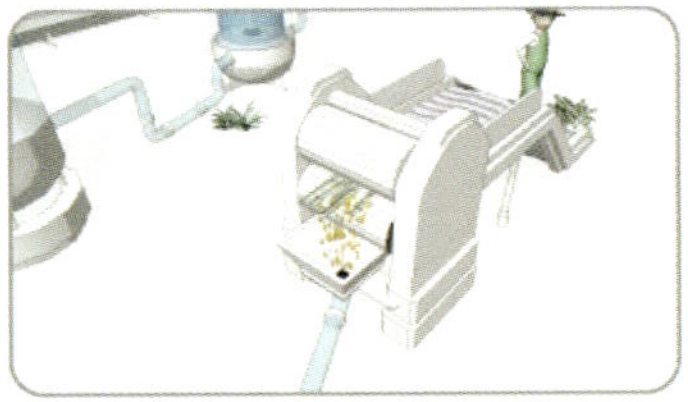

① 사탕수수에서 원당 추출

원재료인 사탕수수를 사용하기 위해 원당 및 당밀로 추출합니다.

② 미생물 발효

정제, 살균된 원당 및 당밀에 발효미생물을 넣고 발효시켜 단백질을 구성하는 아미노산인 글루탐산을 생성하게 합니다. (약 40시간)

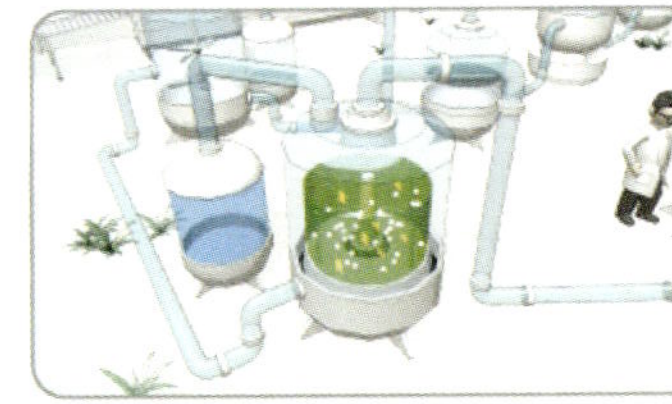

③ 글루탐산 분리

글루탐산이 가득 찬 발효액에서 글루탐산을 분리해 냅니다

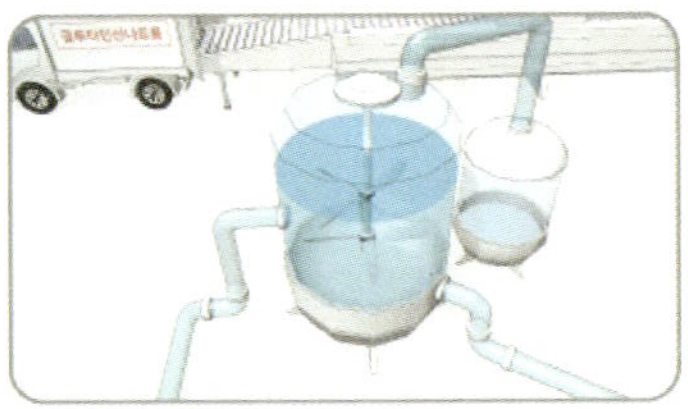

④ 나트륨 결합

수산화나트륨을 이용하여 글루탐산에 나트륨을 결합된 형태인 글루타민산나트륨과 물의 혼합상태를 만듭니다.

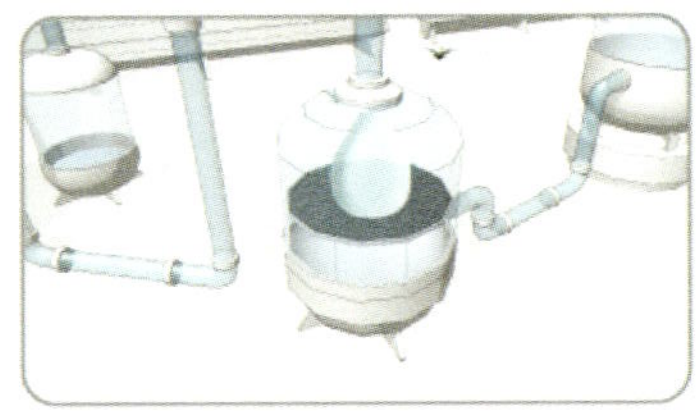

⑤ 불순물 제거

활성탄을 이용하여 글루타민산나트륨 용액의 불순물을 제거 합니다.

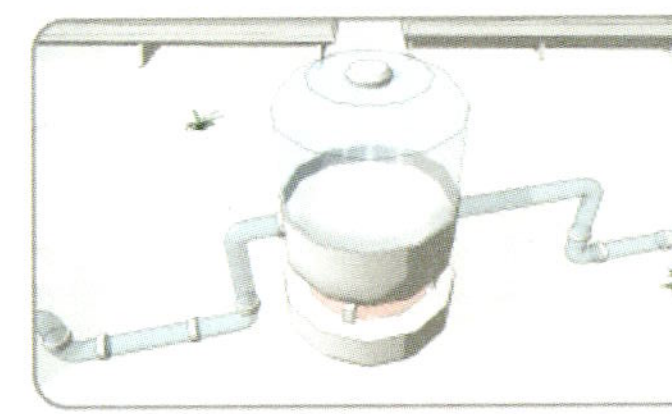

⑥ 결정화

용액을 가열하여 물을 증발시키는 농축과정을 통해 MSG를 결정화 시킵니다.

⑦ 건조 및 이물검사

최종 건조 및 이물검사를 실시한 후 최종 MSG 제품이 완성됩니다.

참고문헌

1. 강원비타민나무 영농조합(http://비타민나무.com/index.html)
2. 국제농업개발원(http://www.iadi.or.kr)
3. 국가표준식품성분표(http://koreanfood.rda.go.kr)
4. 국가생물종지식정보시스템(www.nature.go.kr)
5. 농촌진흥청 국립농업과학원(www.naas.go.kr)
6. 농업진흥청 농업유전자원 정보센터(www.genebank.go.kr)
7. 생명자원정보서비스(BRIS)(www.bris.go.kr)
8. 셀레늄의 영양생화학(최용순, 존 에드워드 헤스케스)
9. 식품의약안전처 식품영양성분(www.foodnara.go.kr/kisna)
10. 약초자료실(http://xe.jwhealthcare.net/herb_data/312)
11. 파주농업기술센터(agri.paju.go.kr)
12. 해양수산 연구자원 포털(http://portal.nfrdi.re.kr)
13. 한국중앙연구원(한국민족문화대백과)www.aks.ac.kr)
14. 한국기능 식품연구원(www.khsi.re.kr)
15. 한국민족문화대백과(encykorea.aks.ac.kr)
16. 전라남도 보건환경연구원(www.jihe.go.kr)
17. 한국식품연구소(www.kfri.re.kr)
18. 한국전통지식포탈(www.koreantk.com)
19. 한국토종야생산야초연구소(www.jdm0777.com.ne.kr)
20. 파주농업기술센터(agri.paju.go.kr)
21. KFDA 생약종합정보시스템(herbmed.kfda.go.kr)
22. USDA 국립 영양소 데이터 베이스
23. 청양 '포포나무농장'
24. 버터넛호박 '햇살비치는 농원'
25. 용과 '호야농장'
26. 플로리다 사라소타 대학
27. 온난화대응농업연구센터

28. 일본북해도립식품가공연구센터
29. 전통향토음식 용어사전-교문사
30. 허브도감
31. 본초강목
32. 동의보감
33. 도경본초
34. 본초습유
35. 본초연의
36. 한국 본초도감
37. (사)한국자생식물보존회
38. 사진으로 보는 전문조리 용어해설(백산출판사)
39. 몸에 좋은 산야초 장준근 2009.11.15
40. 오크라 재배방법이 생육, 수량 및 품질에 미치는 영향 - 조선주
41. 와송생즙을 첨가한 설기떡의 품질특성(김혜영, 2014)
42. 황금농원식품 작두콩세상. 양희관
43. 농촌 소득대체 작물 작두콩 설명회. 2008. 농촌활성화연구소
44. 한국산 작두콩의 부위별 화학성분. 1999. 경상대 식품공학과
45. 암을 이기는 한국인의 음식 54가지
46. 한국약용버섯도감(박완희)

저자 소개

하헌수

가천대학교 경영학 박사
대한민국 조리기능장
중국 제남대학교 객원교수
조리기능장 실기감독위원
전) 청강문화산업대학교 외래교수
현) 경주대학교 외식조리학부 교수

김건휘

가천대학교 경영학 박사
한양대학교 관광경영학 석사
전) 동우대학교 겸임교수
전) 안동과학대학교 겸임교수
전) 백석문화대학교 외식조리학부 외래교수
현) 상지영서대학교 호텔경영과 교수

식품재료학

2015년 9월 1일 초판 1쇄 인쇄
2015년 9월 5일 초판 1쇄 발행

저자와의 합의하에 인지첩부 생략

지은이 하헌수 · 김건휘
펴낸이 진욱상 · 진성원
펴낸곳 백산출판사
교 정 김호철
본문디자인 오정은
표지디자인 오정은

등 록 1974년 1월 9일 제1-72호
주 소 서울시 성북구 정릉로 157(백산빌딩 4층)
전 화 02-914-1621/02-917-6240
팩 스 02-912-4438
이메일 editbsp@naver.com
홈페이지 www.ibaeksan.kr

ISBN 979-11-5763-088-2
값 22,000원